▲彩图1　《爱》（李森林摄）

▲彩图2　《同唱一首歌》（刘志敏摄）

▲彩图3　《小景深》

▲ 彩图4 《黄金时代》（钟光葵摄）

▲ 彩图6 《秃鹫·女孩》（凯文·卡特摄）

▲ 彩图5 《乌干达饥儿之手》（迈克·韦尔斯摄）

▲ 彩图7 《藏人》

◀ 彩图8　《三剑客》（王朋娇摄）

▼ 彩图9　《绽放》（吴英杰摄）

▲ 彩图10　《静谧》（王朋娇摄）

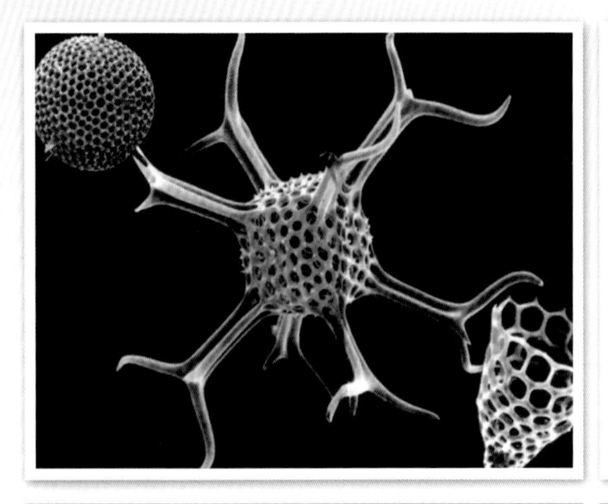

▲ 彩图11　《白沙》

▲ 彩图12　《起跑》

▲ 彩图13　《小山村》

▲ 彩图14　《鳞次栉比》

▲ 彩图15　《风驰电掣》（徐疏其摄）

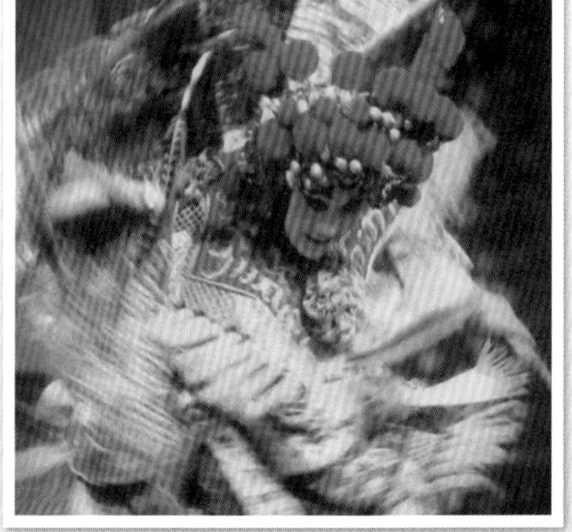

▲ 彩图16　《京剧动感》

高等院校精品课程系列教材

数码摄影教程

（第 5 版）

王朋娇　主　编
全江涛　孟祥宇　副主编

電子工業出版社
Publishing House of Electronics Industry
北京 • BEIJING

内容简介

优秀的数码摄影作品，可以从审美理念、拍摄视角、技术技巧、意境追求、艺术独创等方面进行精练的剖析，帮助揭示摄影的根本特性与种种魅力。

当今，数码照相机已经高度智能化，因而数码摄影已由关注“拍摄技术化”走向了“主题视觉化”，即注重摄影画面主题思想和内涵的摄影技术表达，讲好摄影画面的故事。本教程（第5版）按照构图、用光、色彩、数码照相机与拍摄技巧、曝光、摄影实践的顺序进行编排，每章后面增加了“数码图像处理实战”项目。本书可以打破章节顺序根据创作需要进行非线性阅读，只有融会贯通了摄影理论和实践，才能够创作出主题深刻、光影独到、构图巧妙、瞬间精彩的优秀数码摄影作品。

编者在二十多年教学经验积淀和信息化教学理念基础上编写了本教程，希望本教程能起到抛砖引玉的作用，提高读者对数码摄影的感悟能力，引导读者步入那瑰丽的摄影艺术殿堂。

本教程可以作为高等学校、中等专业学校摄影必修或选修教材，也可以作为摄影培训教材，同时也适合摄影爱好者阅读。

图书在版编目（CIP）数据

数码摄影教程 / 王朋娇主编. —5 版. —北京：电子工业出版社，2020.11
ISBN 978-7-121-40013-1

Ⅰ. ①数…　Ⅱ. ①王…　Ⅲ. ①数字照相机－摄影技术－高等学校－教材　Ⅳ. ①TB86 ②J41

中国版本图书馆 CIP 数据核字（2020）第 234113 号

责任编辑：张贵芹
文字编辑：吴宏丽　郝国栋
印　　刷：涿州市京南印刷厂
装　　订：涿州市京南印刷厂
出版发行：电子工业出版社
　　　　　北京市海淀区万寿路 173 信箱　　邮编：100036
开　　本：787×1092　1/16　印张：16.25　字数：412.8 千字　彩插：2
版　　次：2007 年 3 月第 1 版
　　　　　2020 年 11 月第 5 版
印　　次：2020 年 11 月第 1 次印刷
定　　价：49.80 元

凡所购买电子工业出版社图书有缺损问题，请向购买书店调换。若书店售缺，请与本社发行部联系。联系及邮购电话：（010）88254888，88258888。

质量投诉请发邮件至 zlts@phei.com.cn，盗版侵权举报请发邮件至 dbqq@phei.com.cn。

本书咨询联系方式：（010）88254511，zlf@phei.com.cn。

编 委 会

主　　编：王朋娇

副 主 编：仝江涛　孟祥宇

编　　委：（以姓氏拼音为序）

郭　巍　马　双　田　华　王洪英

赵慧英　赵　晶

图片提供：（以姓氏拼音为序）

范大军　蒋永廷　刘艳秋　罗　林

任德强　颜秉刚　周丽萍

前　言

美国摄影家卡蒂埃·布列松曾把摄影定义为“在几分之一秒内同时将一个事件的内涵及表现形式记录下来，并将它们带到生活中去……”，摄影赋予了摄影者把握瞬间的权利和机会，并把瞬间对美的感受提升到无限，感染他人。亚当斯呼吁：“不应只是看照片，我们要学会读照片。”何谓读照片？读出它的背景，读出它的过程，读出它的独特性，读出它给我们的感受和精神的滋补。

由于数码照相机和手机没有“大脑”，不会思考，它只是一个摄影工具而已。所以摄影者在拍摄之前，要观察和思考；在拍摄时，要观察和思考；在拍摄之后，更应该观察和思考。培养对事物的视觉观察力和思考力是摄影者首先应该做的事情，不要落入以为非得有最新、最昂贵的数码照相机才能拍摄出最生动的数码照片的陷阱。著名摄影师唐·麦卡林对摄影做了精辟的总结：“摄影不是用眼睛去观察，而是用心灵去感受。摄影师如果在镜头前无动于衷，那么他的作品也不可能让观众感受到心灵的震撼。”所以想成为摄影大师，第一步，要用自己的眼睛去观察别人看过的东西，在别人司空见惯的东西上发现美；第二步，对主题表现、构图规则、用光技巧、色彩表现、曝光技术、拍摄技术与技巧等因素进行深入的思考、锤炼和应用；第三步，用数码照相机去捕捉。只有这样，你的拍摄包括后期处理，才更有利于达到你所期望拍摄的效果；也只有这样，才能让我们的创意、美感、看法与生活经验通过数码照相机表现出来，让摄影作品成为你与他人沟通并分享的媒介。

在新时代，随着数码照相机和手机的高度智能化，数码摄影的重点已经从拍摄技术层面走向了“主题思想视觉化”，即注重摄影画面主题思想和内涵的摄影技术表达，讲好摄影画面的故事。所以摄影时不要看到什么就拍什么，而是要注意观察被拍摄对象所包含的视觉元素和所处的环境，确定拍摄主体后，再用构图手段、摄影技巧、用光和造型等方法去表达摄影画面要呈现的主题和内涵。可以说摄影主题是摄影作品的灵魂，是摄影者心灵的一种升华。

《数码摄影教程》（第 5 版）延续了之前版本的特色和风格，在章的编排体例上采用了“构图、用光、色彩、技巧、曝光、摄影实践”的编排顺序，还用新时代感强的图片替换了大部分原来的样例图片，并配以二维码，扫描后就可以欣赏高清彩色图片。摄影的变革现已到来，日常摄影已彻底改变。数码图像后期制作也是一种艺术创作，所以每章的后面增加了“数码图像处理实战”内容。《数码摄影教程》（第 5 版）将引导你步入那瑰丽的摄影艺术殿堂。相信大家将每章进行融会贯通式的学习并进行整体的构思与摄影实践后，一定能够创作出主题深刻、光影独到、构图巧妙、瞬间精彩的优秀摄影作品。

《数码摄影教程》（第 5 版）在体例上进行了独到的设计，从技术的角度记录灿烂生活，从艺术的角度培养审美观念，以创作优秀摄影作品为目的，把技术与艺术完美地结合在一起是本教程的追求。全书共有 7 章，在每章的开始设计了“翻转课堂”“本章导读”，在每章的结束设计了“知识小结”“项目实践”“项目作品赏析”“摄影项目习作赏析”“数码图像处理实战”和“思考题”。在内容体系设计上，根据知识体系的不同要求，设计了“知识链接”“友情提示”“知识拓展”“点石成金”等栏目，并在书后附录中给出了“国内摄影网站网址链接”和“国内摄影网站网址二维码”。

各栏目的设计内容如下。

（1）翻转课堂：将学习的决定权从教师转移给学生，学生自主规划学习摄影的基础理论并实践，教师则采用讲授法、案例教学法来满足学生的需求和促成他们的个性化学习，以便让学生通过摄影实践获得更真实的学习效果。

（2）本章导读：叙述学习摄影的方法与技巧。

（3）知识小结：用概念图的形式把本章的主要内容及它们之间的关系描述出来。

（4）项目实践：通过摄影作品创作实践，提高学生摄影作品创作的能力。

（5）项目作品赏析：欣赏他人优秀摄影作品，提升摄影创作水平。

（6）知识链接：学生依据自己的兴趣爱好，扩展学习范围，满足个性学习的需要。

（7）友情提示：针对摄影中容易出现的问题进行提示，利于完善摄影作品创作。

（8）知识拓展：依据学习内容中其他学科概念进行链接，拓展学生的知识范畴。

（9）点石成金：针对学习中的重点、难点、技术技巧等进行点拨。

本教程由王朋娇担任主编，全江涛、孟祥宇担任副主编。王朋娇负责总体设计、统稿和审定工作。本教程编写分工如下：第一章、第二章、第五章和第六章由王朋娇编写；第三章由王朋娇、孟祥宇编写；第四章由孟祥宇编写；第七章由王朋娇统筹，第一节至第五节由全江涛编写，第六节、第七节由马双编写，第八节、第九节由田华编写，第十节由赵晶编写。项目实践及作品赏析由王洪英、赵慧英、王朋娇设计完成。每章的知识小结概念图由郭巍绘制完成。

本教程引用的很多优秀摄影作品均为教学所用，绝不作为商业用途，特此说明，并对摄影作品著作权人或相关权利人谨致谢意。本教程采用了很多学生的优秀摄影习作，在此向我的学生们表示感谢。由于时间和联系方式等多方面原因，有些图片的引用没有来得及征得作者的同意，在此深表歉意。如果作者不同意引用图片，请发送电子邮件与我们联系，以便再版时予以修改，联系邮箱为 463393583@qq.com 或者 wangpengjiao@sina.com。

在编写本教程的过程中，参考和引用了国内外有关摄影方面的文献资料，吸收了很多国内外摄影专家、学者的真知灼见，在此向这些研究成果的作者表示衷心的感谢。

虽然在多年的教学工作经验基础上编写了本教程，但是由于我们的能力有限，书中难免存在一些问题和不足，恳请各位同仁和读者就本教程中的有关内容提出批评和建议。

摄影是一件非常辛苦的工作或者事件，它需要摄影者的耐心和毅力，只有通过坚持不懈的努力，才可以获得成功。

编　者

2020 年 4 月 29 日于大连

目　录

第一章　数码摄影作品创作概述

翻转课堂

✧　概念

1. 观察　细节　摄影　数码摄影　摄影艺术
2. 主题　主体　构图　光影　瞬间

✧　拍摄实践

1. 自主学习第二章第一节的“三分法构图”，严格按照三分法构图法则，选择不同的拍摄对象进行拍摄。

2. 自主学习第三章第二节的“光线的方向”，然后选择一个拍摄对象，改变拍摄位置，分别采用顺光、前侧光、侧光、侧逆光、逆光等进行拍摄。

3. 自主学习第一章第三节，然后模仿“数码摄影作品创作的基本要求”的摄影作品，进行摄影创作，初步了解摄影作品创作的内涵。

本章导读

- 我们不是握着照相机的机器，在拍摄之前要思考，在拍摄时要思考，在拍摄之后更应该思考。
- 创作优秀的数码摄影作品，除了要掌握必要的摄影技术外，更重要的是要锤炼自己的眼力——发现身边的美。摄影者要有一双善于发现美的眼睛，只要留心观察生活，善于捕捉生活中的细节，就能拍摄出好的作品来。培养对事物的视觉观察力是摄影者首先应该做的事情。
- 摄影是发现美、留住美、展示美的过程。在学习摄影的过程中要用心发现美，用镜头留住美，用照片展示美。多欣赏优秀的摄影作品，提高自己的审美情趣。
- 所谓大师，就是这样的人：他们用自己的眼睛去看别人看过的东西，在别人司空见惯的东西上发现美——奥古斯特·罗丁（Auguste Rodin）。
- 创作一幅摄影作品完全是一个运用情感及脑力的过程，它包含着在拍摄之前预见一幅摄影作品的能力。只有这样，从拍摄到后期处理才更有利于运用影像达到你所希望的效果。
- 著名摄影师唐·麦卡林对摄影做了精辟的总结：“摄影不是用眼睛去观察，而是用心灵去感受。如果摄影师在镜头前无动于衷，那么他的作品也不可能让观众感受到心灵的震撼。”

- 摄影是一项很艰苦的工作，它需要摄影者的耐心和毅力。

第一节　数码摄影的特点

一、摄影的定义

摄影（Photography）一词来源于希腊语，即用光绘画，它是技术与视觉观察力的一种结合，是技术与艺术的结合，是一种重要的科学和文献记录工具，也是一种创作的手段。

美国摄影家卡蒂埃·布列松曾把摄影定义为：“在几分之一秒内同时将一个事件的内涵及表现形式记录下来，并将它们带到生活中去……”，这充分说明摄影是通过照相机这种记录瞬间的工具来表现自己思想与意志的手段。通过摄影能够将自己对客观事物的理解凝固在某一个瞬间，并把自己对美的瞬间感受以艺术的形式表达并感染他人。

图1.1　《窗外景色》（尼埃普斯　摄）

摄影术正式诞生于1839年8月19日。这一天，法国画家和物理学家路易·达盖尔在法国科学院和艺术学院联合大会上，向世界公布了银版摄影法发明的详细经过，达盖尔被誉为“摄影之父”。1826年，法国发明家尼埃普斯拍摄出世界公认的第一张照片，如图1.1所示，这张照片是他在他的工作室拍摄的《窗外景色》，照片的曝光时间长达8小时。由于尼埃普斯拒绝公开其全部研究结果，因而他的发明未能获得世界承认。

《辞海》中对摄影艺术的定义为：“摄影艺术，是造型艺术的一种。拍摄者使用照相机反映社会生活和自然现象，表达思想感情。根据艺术创作构思，运用摄影造型技巧，经过暗房制作的工艺程序，制成有艺术感染力的照片。”

二、数码摄影的定义

用数码照相机拍摄，通过图像传感器的感光作用，把被摄景物记录在存储卡上，并能将存储卡上的图像下载到计算机上进行观看或打印成照片，再现被摄景物的真实面貌的过程，就是数码摄影。

在当今的“读图时代”，建立在人类科技成果基础上的数码摄影又以多元的形式存在。它是现代人陶冶心性的大众娱乐方式，是记录历史的新闻报道，是传播商业信息的广告，是科学研究的重要辅助手段，是表达个人内心感受的艺术形式。在艺术领域，数码摄影艺术更是以丰富的光影语言，让人们通过数码图像了解历史，认识现实。

三、数码摄影的特点

传统照相机是通过胶卷上的化学物质（溴化银）感光，把影像以光学模拟信号的形式记录在胶卷上，胶卷要经过冲洗、放大才能得到照片。

数码照相机通过图像传感器（CCD 或 CMOS）感光，通过扫描产生电子模拟信号，然后经过 A/D 转换（模数转换）形成电子数字信号，再经过压缩，最后以数字文件形式保存在照相机的存储卡上。存储卡上的图像文件可以下载并存储到计算机的硬盘上，然后通过 Windows 图片查看器、ACDSee 等图片浏览软件进行浏览。

（一）数字化的影像记录方式

胶卷照相机与数码照相机拍摄影像的工作原理如图 1.2 所示。

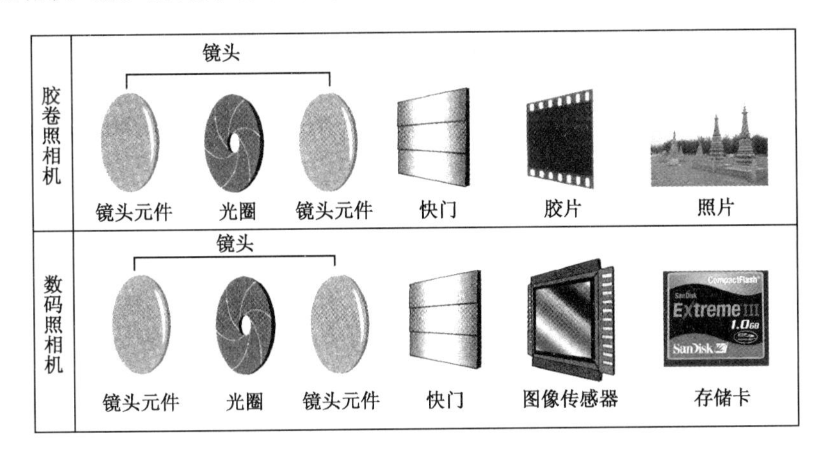

图 1.2　胶卷照相机与数码照相机拍摄影像的工作原理

（二）图像处理软件赋能创意无限

数码摄影与传统摄影相比，可以方便地用图像处理软件对数码照片进行艺术的再加工，称为数码图像后期。数码图像后期是数码摄影中很重要的一部分，精心处理的数码图像有更强的视觉冲击力和艺术观赏价值，如图 1.3 所示。利用 Photoshop、Mix 滤镜大师等图像处理软件的强大功能，可以在灵感来袭时随时随地进行图像处理与创作，编辑、裁切、移除对象、对图像进行整体改造，玩转各种颜色和效果，颠覆摄影艺术。可以说，所想到的创意合理地运用图像处理软件都能实现。

图 1.3　数码图像后期作品

（三）数码照片和网络互动

伴随着互联网技术的发展，数码图像可以上传到邮箱、博客、微博、论坛、朋友圈、云盘等互联网应用，也可以制作成电子相册进行分享。

图像处理软件简介

1. Photoshop：是 Adobe 公司推出的一款专业图像处理软件，它主要处理以像素所构成的数字图像，使用其众多的编修与绘图工具，可以有效地对图片进行编辑。

2. Mix 滤镜大师：堪比单反的光圈调节，能实现专业视觉效果。100 多款原创创意滤镜，一键编辑，轻松实现艺术效果，让你成为朋友圈的摄影大师。

3. Adobe Lightroom：是一款适合专业摄影师输入、选择、修改和展示大量数字图像的高效率软件，具有较强的校正工具、强大的组织功能，以及灵活的打印功能。

4. 美图秀秀：独有的图片特效、人像美颜、可爱饰品、文字模板、智能边框、魔术场景、自由拼图、摇头娃娃等功能，可以让用户短时间内做出影楼级的特效照片。

5. 光影魔术手：是针对图像画质进行改善及效果处理的软件。其批处理功能非常强大，是摄影作品后期处理、冲印整理必备的图像处理软件。

第二节　影响摄影作品创作的元素分析

影响摄影作品创作的元素包括主题、构图、用光、色彩、照相机、曝光及其他。这些元素是相互影响、相互作用的。在摄影作品创作的过程中，只有综合考虑这些元素，才能使摄影作品创作获得成功。

一、主题

当拿起相机，无论是拍摄人物、花草树木，还是拍摄日常生活时，心中总有一种想法，这种想法就是摄影作品的主题。一幅优秀的摄影作品必须通过镜头把主题鲜明地呈现在画面上。鲜明的主题表现即通过具体的人物、故事情节的刻画或环境的渲染，把摄影者曾经体验到的喜悦、悲伤、同情、关怀、愤慨之情通过摄影作品传达给其他欣赏者。

图 1.4 是我国著名摄影家袁毅平先生在 1961 年拍摄的一幅代表作《东方红》。作品在曝光控制时以天空为准进行曝光，地面上的天安门等景物成为剪影，这使得天安门更具有一种象征意义。此摄影作品的主题是歌颂我们伟大的祖国。瞧，透过宽阔的天安门广场，东方的朝阳正喷薄而出，彩霞布满了天空。天安门是中国的象征，天安门上方的漫天彩霞，象征着中国未来的发展，在各族人民的共同努力下，中华民族一定会繁荣、昌盛、富强。

今天，我们的国家在强大，我国各项事业的发展也证明了这一点。2003 年中国神舟五号载人飞船首次进入太空，2008 年成功举办奥运会，2015 年中国科学家屠呦呦成为第一位获诺贝尔自然科学奖的中国人，2017 年国产第一艘航空母舰正式出坞下水，2020 年成功抗击新冠肺炎。电影《我和我的祖国》讲述了新中国成立 70 年间，普通百姓与共和国成长息息相关的故事，能从中感受到中国正以全新的形象屹立于世界民族之林。

图 1.4 《东方红》（袁毅平 摄）

二、构图

构图，在中国传统绘画中称为“章法”或“布局”。摄影画面构图就是根据主题思想的要求，把我们所要表现的客观对象以现实生活为基础，以比现实生活更富有表现力的表现形式，有机地组织、安排在画面里，使主题思想得到充分的表达。

《东方红》这幅作品构图比较独特。拍摄角度与大部分天安门的摄影作品不同，没有从天安门的正前方拍摄，而是选择了斜侧角度拍摄。拍摄高度选择了仰角度拍摄，这种拍摄手法显得天安门挺拔向上，并拍摄到了漫天的彩霞。天安门、路灯及广场仅占画面的一小部分，彩霞占据了大部分画面，具有强烈的视觉冲击力和感染力，给观赏者以巨大的想象空间。

三、用光

“摄影”（Photography）一词源于希腊文中的“光线”和“描写”两个词，摄影的定义是“用光线描写”。光线的描绘能力，不仅表现在光通过透镜作用于图像传感器或胶卷而形成影像的这个技术过程，也表现在光对画面形象的塑造方面。如图 1.5 所示，《怀抱》这幅作品采用了侧逆光进行拍摄，使得画面中叶子的纹路清晰可见。

如图 1.6 所示，画面中主体“牛”的立体感很强，这是采用侧逆光线拍摄的效果。光具有造型的作用，光线是摄影的灵魂。为了提高摄影作品的质量，摄影者必须懂得如何用光，认识光线的基本规律，掌握不同光线的造型及表情达意功能，从而更巧妙地运用光线，为画面增添魅力。

图 1.5 《怀抱》（张凌俊 摄）

图 1.6 《霸气冲天》（王朋娇 摄）

四、色彩

色彩是摄影者用以表达自己情感的重要元素，也是摄影造型的重要手段。随着自然条件的变化，被摄物体的色泽、明暗度及饱和度也会发生改变。不同的色彩带给人的视觉感受是不一样的。例如，红色使人联想到冉冉升起的红日和熊熊燃烧的火焰，热烈温暖，象征胜利，表达喜气。所以，在《东方红》这幅作品中充分利用彩霞来烘托画面气氛，以满天的彩霞为基调，画面产生蒸蒸日上的视觉效果。红的天空占据了画面的大部分面积，使得作品意境深远。可以说这幅作品达到了以色彩见形、以色彩传神、以色彩写意、以色彩抒情的目的。

五、照相机

摄影是艺术与技术的“混血儿”。作为艺术，它与其他艺术门类一样，遵从审美法则；作为技术，它有着其他艺术门类所不具备的技术含量，显示着摄影的独到之处。

“工欲善其事，必先利其器。”掌握一定的摄影技术与技巧是成功拍摄摄影作品的前提之一。摄影时根据需要选用不同的光圈、不同的快门速度及不同的焦距等，会使摄影画面更充实、更灵动，从而让观赏者感受到审美的愉悦。

如图 1.7 所示，拍摄时对焦豆荚，利用大光圈、长焦距镜头拍摄，使画面的主体清晰、背景虚化，通过虚实对比很好地突出了主体。

图 1.7 《一枝独秀》(杨欣 摄)

如图 1.8 所示，选用 ISO200、光圈 f/8、快门速度 1/8s 拍摄，较慢快门速度拍摄瀑布，使瀑布水流虚化，形成水流湍急、动感很强的画面。

图 1.8 《四川九寨诺日朗瀑布》(王朋娇 摄)

六、曝光

判断是否正确曝光是有技术标准和艺术标准的：技术标准是指能否真实、客观地记录现场的光线、色彩、影调等；艺术标准是指能否表达作者的创作思想、意图和感情。对于摄影艺术来说，并没有一个绝对的界限来划分正确曝光与不正确曝光。因为根据被摄对象的不同、表达主题的不同，有时希望照片的调子明快，有时希望其沉闷，所以在曝光控制上，要根据拍摄意图做些调整。如图 1.9 所示的《海的乐章》，为了表现水面的高调效果，增加曝光量进行拍摄，画面曝光过度。如图 1.10 所示的《归途》中，为了形成低调效果，减少曝光量进行拍摄，画面曝光不足。

图 1.9 《海的乐章》（王建平 摄）

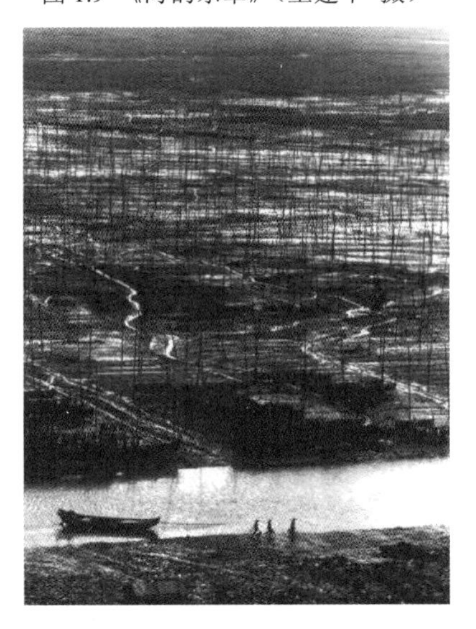

图 1.10 《归途》（王建平 摄）

七、其他

摄影者的基本功、摄影观念及对摄影的热爱，在摄影作品创作中占据着很重要的地位。《东方红》这幅摄影作品从最初构思到拍摄成功达三年之久，为了获得最佳拍摄角度、最佳拍摄高度、最佳光线、最佳色彩，袁毅平先生经常早晨四点起床进行观察和试验。经过坚持不懈的努力，终于获得了这一决定性的瞬间。从这幅作品中，我们能感受到袁毅平先生对祖国和摄影艺术的热爱之情。

有人说，数码照相机的高感光度、高速快门，以及高速镜头的问世，大大解放了摄影者，数码摄影在构图、瞬间定格方面优劣差别已经很小。但是从摄影作品来看，虽然器材优劣很重要，但是思维的独特性才是摄影作品创作的根本。2019 年 10 月 1 日晚，庆祝中华人民共和国成立 70 周年联欢活动在北京天安门广场举行。该活动分为“红旗颂”“我们走在大路上”“在希望的田野上”“领航新时代”4 个篇章，由主题表演、中心联欢表演、群众联欢和烟花表演组成。如图 1.11 所示，摄影师选取了很好的航拍点，以天安门做背景展现联欢活动的欢快场面，很好地交代了联欢事件的内容和地点。

图 1.11 《国庆 70 周年联欢活动》（薛玉斌 摄）

第三节　数码摄影作品创作的基本要求

当观赏者看到一幅优秀的数码摄影作品时，如果是颇为欣赏、备受感动，那么这幅优秀的数码摄影作品一定蕴涵着内在的魅力。这种魅力来源于六个要素：主题鲜明、主体突出、画面简洁、符合技术标准、瞬间的形象性、能引起人的感情共鸣。这也是创作数码摄影作品的基本要求。

一、主题鲜明

主题又称为主题思想或中心思想，一幅优秀的数码摄影作品必须通过镜头把鲜明的主题呈现在画面上。主题思想是摄影作品的灵魂，只有内涵丰富的作品才能真正具有生命力和感染力。数码摄影作品的创作与写作一样，要有一个鲜明的主题。主题不鲜明，作品中的意境就不能很好地表达出来。如图 1.12 所示，摄影作品很好地表现了 2008 年人们喜迎奥运的主题。2008 年，中国第一次举办奥运会，人们欢欣鼓舞地参加着奥运火炬传递活动，看到摄影作品中孩子追随火炬的高兴神态，我们仍能回想起当年人们对奥运的热情、激情与豪情。

图 1.12 《追随火炬的孩子们》（许康平 摄）

二、主体突出

在一幅优秀的摄影作品中总要有一个画面的中心事物或主要的表现对象，即主体。作为主体，一般应该具有两个基本条件：一是画面所表现内容的主要体现者，它有集中人们的思想、使人们领悟事物内涵的作用；二是画面结构的中心，是画面结构的依据，并有集中观赏者视线的作用。可以说主体是摄影构图的中心，明确主体后，就要通过各种手段使它更突出。在摄影创作中，可以通过色彩对比、构图手段、虚实对比、大小对比、光线明暗、剪裁等各种造型手段的应用，把观赏者的注意力吸引到能够表达主题的画面主体上，使画面视觉重点突出。如图 1.13、图 1.14 所示。

图 1.13 《力撑千斤》（孟祥宇 摄）

图 1.14　《呢喃》(王朋娇 摄)

三、画面简洁

摄影是减法的艺术。一幅优秀的数码影像作品，在明确了鲜明的主题将画面的注意力引向主体之后，必须考虑画面的简洁性。画面上所有元素必须有利于表达主题、烘托主题，与主题无关的景物留在画面上，势必影响观赏者的注意力，从而削弱画面主体的表现力。

李森林在 1978 年拍摄的《爱》，如彩图 1 所示，摄影者没有表现人物的具体特征，仅仅运用了黑与白的对比、交叉与握紧的手、一枝玫瑰，就表现出了人间永恒的主题——爱。从图 1.15 两图的对比中可以看到画面简洁的重要性。可以说从局部入手，去除干扰画面主体的因素，是构成简洁画面的最好方法。

(a) 原图

(b) 二次构图后

图 1.15　《书屋》(孟祥宇摄并编辑)

四、符合技术标准

数码摄影的发展是以摄影技术发展为前提的，优秀的数码摄影作品必须符合一定的摄影技术标准。因此，掌握数码摄影技术，使自己的数码摄影作品符合摄影技术标准，是拍摄优秀数码摄影作品的前提之一。

（1）镜头准确调焦于被摄体，画面主体清晰。如图 1.16 所示，人物主体清晰，而前景虚化，很好地吸引了观赏者的注意力。

（2）景别的构思运用好，思路清晰，对景物各部分的表现力理解深刻。景别是指摄影作品画面所包括范围的大小，大致分为远景、全景、中景、近景及特写。每种景别的选择要依据主题表现的需要，一般规律是“远取其势，近取其神”，如图 1.17 的全景画面和彩图 8 特写画面所示。

图 1.16 《执手》（李枢宜 摄）

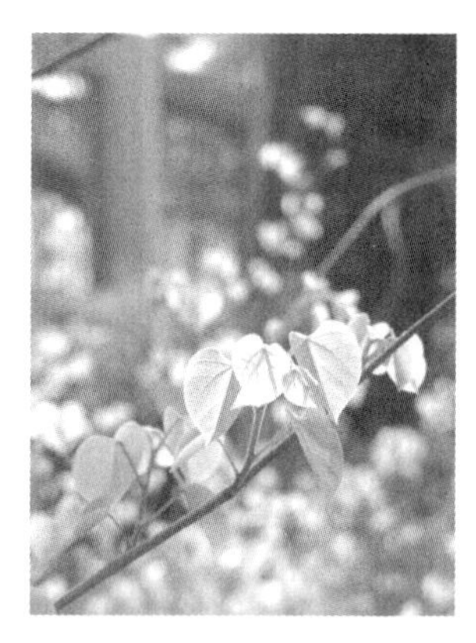

图 1.17 《三剑客》（王朋娇 摄）

（3）采用了许多不同的拍摄方法、拍摄角度，画面多姿多彩。如图 1.18 所示，采用追随拍摄法拍摄准确到位，横条状虚化的背景创造出很强的动感，主体突出，视觉冲击力强。

（4）根据拍摄主题的需要合理运用景深。如图 1.19 所示，采用标准镜头、小光圈拍摄，清晰地展现了雨天校园景色。

图 1.18 《追逐》（边昂 摄）

图 1.19 《雨中学子》（任德强 摄）

（5）曝光正确。画面景物的层次和色彩能正确表达拍摄主题思想。

五、瞬间的形象性

摄影瞬间曝光的特性，凝固的是事物发展变化过程中时间流上的一个点、空间场上的一个面。摄影的瞬间功能，能记录下不可重演的历史瞬间足迹，能记录下稍纵即逝的瞬间生活片断。摄影的瞬间是定格运动的瞬间，正是瞬间性功能，运动的物体才能凝固在静止的画面中。

一幅优秀的数码摄影作品，往往都表现为典型瞬间的最佳捕捉，如图 1.20 所示。拍摄时必须捕捉到最富有表现力的瞬间，交代该事物与周围密切相关的其他物体的关系，明确表现事物的真实面貌，揭示事物的内涵和意义。著名摄影家卡蒂埃·布列松提出的“决定性瞬间”，并非指照相机快门瞬间，而是指摄影艺术的“瞬间提炼”和“瞬间概括”，是利用技术的瞬间性来捕捉具有典型意义的瞬间人物、瞬间事物和瞬间现象，以表现典型瞬间。

▶《买啤酒归来的孩子》题材并不重大，却是卡蒂埃·布列松的一幅脍炙人口的代表作。画面中的男孩左、右手各抱一个大酒瓶，脸上洋溢着自豪又得意的神采，好像完成了一个光荣而艰巨的任务。照片中的人物情绪十分自然真实，显示出布列松熟练的抓拍功夫。

抓拍是布列松一生所坚持的基本手段。他从来不干涉他的拍摄对象，他认为安排出来的照片是没有生命力的，很容易被人们遗忘。他的摄影作品拍摄得自然、生动，具有真实感，并且有一定的思想内涵。

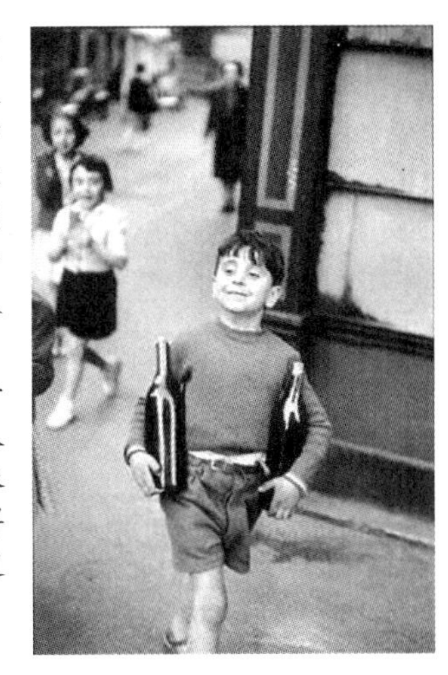

图 1.20　《买啤酒归来的孩子》（卡蒂埃·布列松　摄）

同样，数码照相机也是一种捕获瞬间的工具，数码摄影是抓取事物的瞬间状态。在数码摄影中，摄影者要对变化做出迅速反应，以便在恰到好处的时刻进行拍摄。“恰到好处的时刻”是指被摄物的形式和内容恰到好处地构成一幅和谐达意的画面的时刻。彩图 2《同唱一首歌》，画面的可贵之处在于摄影者按下“快门”按钮的一瞬间，所有的小鸟都向着镜头张开了小嘴，图片充满趣味性，使画面活了起来。侧逆光的运用勾勒出小鸟的轮廓，并表现出绒毛的质感。

六、能引起人的感情共鸣

一幅优秀的数码摄影作品真正打动人心的不是画面的形式，而是作品中传达出来的真切的感受、真挚的情感、真实的意向，它使观赏者产生共鸣，从而感受到审美的愉悦。

彩图 6 是凯文·卡特拍摄的《秃鹫·女孩》，获得了“1994 年普利策最佳特写摄影奖”。画面中，一位由于饥饿而濒临死亡的苏丹小女孩，还挣扎着想到食品供应站去，这时一只秃鹫已经等在她的身后。卡特在拍摄这张照片时，已经在沙漠和荒野上独自徘徊了两天，眼前的情景使他的心灵受到强烈的震撼，按下了“快门”。这幅纪实性作品不能不引起人们对灾难的震惊和对生命的深思。

普利策新闻奖

普利策奖（Pulitzer Prizes）也称为普利策新闻奖，是由美国著名的报纸编辑和出版家约瑟夫·普利策在 1917 年出资设立的，普利策于 1868 年开始从事新闻工作，被人们誉为创办美国现代报纸的先驱者和示范者。

普利策奖是美国新闻界最高奖项。

普利策奖包括新闻奖和艺术奖两大类，内含众多奖项。每年一次，评选结果一般是在 4 月中旬的某一天公布，5 月由哥伦比亚大学校长正式颁奖。每年的获奖照片构成了美国记忆和文化遗产的重要部分。

第四节　数码摄影作品评价标准

一、主题思想

主题是摄影者通过拍摄对象所要说明的问题。数码摄影作品确定的主题思想应积极向上，作品题目能起到说明主题思想的作用。

二、构图

（1）主体放在画面的黄金分割点或线上，或利用大小对比、虚实对比、色彩对比等手段使主体突出醒目，使观赏者能很好地理解照片的主题思想。主体和其他部分相呼应，画面结构均衡、完整，空白合适。作品中的主体形象，能引起观赏者的思想共鸣。

（2）陪体起到陪衬、交代、说明、强化、突出主体的作用，让观众正确理解主题思想。陪体能够与主体形成对比，起到修饰、美化画面的作用，使画面的视觉语言准确、完整，更富有哲理性。陪体与主体能构成情节，有助于人们对主题加深了解。陪体在明暗、色彩、构图等方面不能喧宾夺主。

（3）能够充分利用前景使画面的构图形式产生变化，渲染主题、美化画面、烘托主体、加深透视、产生对比。

（4）能够根据主体表现选择有特色的、简洁的背景，并充分利用背景的光影、色块、颜色、形状等对主体起到烘托和陪衬的作用。

（5）画面布局疏密得当。

三、用光

（1）光线的运用能够很好地表现物体的颜色、形状、结构和质感。

（2）通过光线的明暗关系，能很好地表现摄影作品的立体形态和空间透视效果。

（3）利用不同的自然光照明拍摄的摄影作品能使人们在观看这些作品时产生身临其境的感觉。

四、色彩

（1）画面有一个基本色调，能表达出主题思想和情感的倾向，表达一定的情绪、意境和环境气氛。

（2）画面的色彩搭配和谐悦目，画面布局满足人眼色觉平衡的要求，画面能吸引人。

（3）色彩丰富而统一，简单而不单调，色彩素雅而有变化。

五、技术与技巧的运用

（1）镜头准确聚焦于被摄体，画面主体清晰。

（2）景别的构思运用好，思路清晰，对景物各部分的表现力理解深刻。

（3）采用许多不同的拍摄方法、拍摄角度，使画面多姿多彩。变焦拍摄、追随拍摄准确到位，能创造很强的动感，主体突出，视觉冲击力强。

（4）根据拍摄主题的需要合理运用景深，利用虚实对比突出主体。

（5）画面瞬间形象性强。

（6）正确运用技术曝光和艺术曝光。

六、道德规范

拍摄的数码作品要真实可靠，不抄袭或复制他人的作品，不侵犯他人的肖像权。

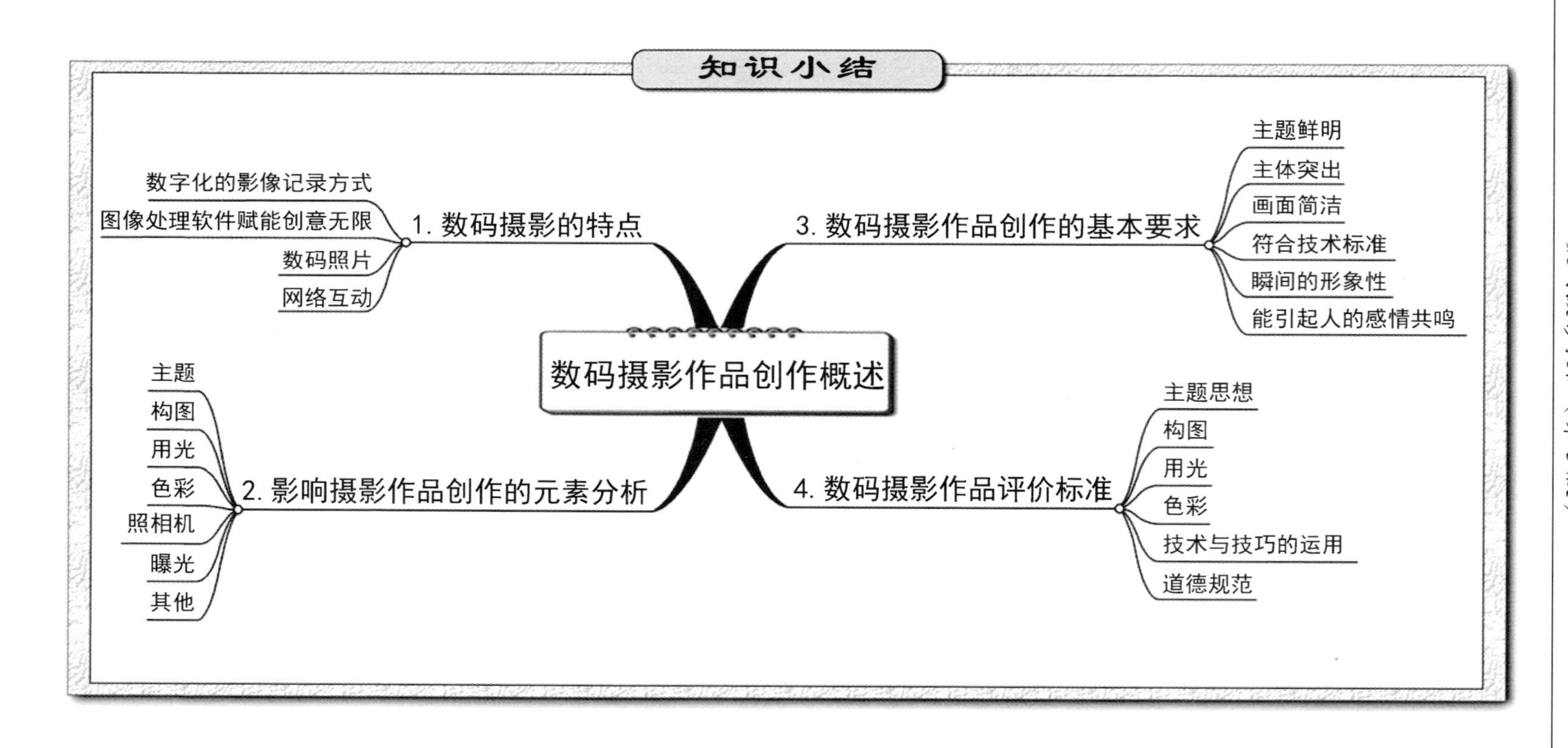
知识小结
数码摄影作品创作概述
1. 数码摄影的特点
数字化的影像记录方式
图像处理软件赋能创意无限
数码照片
网络互动
2. 影响摄影作品创作的元素分析
主题
构图
用光
色彩
照相机
曝光
其他
3. 数码摄影作品创作的基本要求
主题鲜明
主体突出
画面简洁
符合技术标准
瞬间的形象性
能引起人的感情共鸣
4. 数码摄影作品评价标准
主题思想
构图
用光
色彩
技术与技巧的运用
道德规范

项目实践

拍摄军训题材的照片

军训，绝对是一次让人无法忘怀的成长历程，作为大学生踏入校园的第一课，其寓意颇深，绝不是走走步、出出汗那么简单。通过军训，使得同学们在军事化管理中适应集体生活，培养组织性、纪律性，学会把握自由与纪律的尺度，为四年的大学生活打下坚实的基础。

当我们拿起数码照相机对军训的题材进行拍摄时，首先要了解军训的整体安排，做到有的放矢，制订拍摄计划时既可以按照时间的顺序，也可以参照不同的训练科目，安排不同的小组进行拍摄。军训时的闪光点很多，整齐的队列、辛劳的汗水、威武的教官，甚至同学们的耍宝装酷都是拍摄的好题材。

拍摄军训题材应以抓拍为主，抓拍可以有效防止镜头前人物的紧张感。构图时力争保持画面背景的简洁，可以充分利用空间透视，将有限的空间拓展开来；也可以拍摄人物特写，控制景深、虚化背景，突出主体。由于军训场地很宽阔，参训人员众多，应该坚持多走、多看、多拍摄的原则，掌握不同光线条件下的人物特征。

图 1.21、图 1.22、图 1.23 均是军训题材的照片。

项目作品赏析

图 1.21　《出击》（王洪英　摄）

军训强健了大学新生的体魄、磨炼了意志、培养了纪律作风。军训时同学们学会坚强，体会着刚刚开始的大学集体生活。看着同学们在军事训练表演中的优秀表现，就知道他们已经为四年的大学生活做好了准备。（文_王洪英）

摄影项目习作赏析

图 1.22 《战舞》（王子豪 摄）

图 1.23 《军威》（王超 摄）

数码图像处理实战

利用 Photoshop 进行图像色彩的调整

在数码图像处理实战之前，建议大家自主学习软件“帮助”栏目中图 1.24 所示的 Photoshop CC 的相关知识，掌握如图 1.25 所示的基本技能和一些主题的处理技巧，为游刃有余地处理图像做好知识准备。

图 1.24　“学习”指导教程

图 1.25　主题处理技巧

1．项目实战说明

利用 Photoshop CC 菜单中的“图像”→“调整”命令，对图像进行色彩调整。

2．实战步骤

（1）在 Photoshop CC 软件中打开第一章“项目实战”文件夹中的图片素材“夕阳西下”，如图 1.26 所示。

图 1.26　夕阳西下

（2）选择菜单中的“图像”→“调整”→“曲线”命令，打开“曲线”对话框，设置如图 1.27 所示的参数，单击“确定”按钮，得到如图 1.28 所示的画面。选择菜单“文件”→“另存为”命令，保存图像。

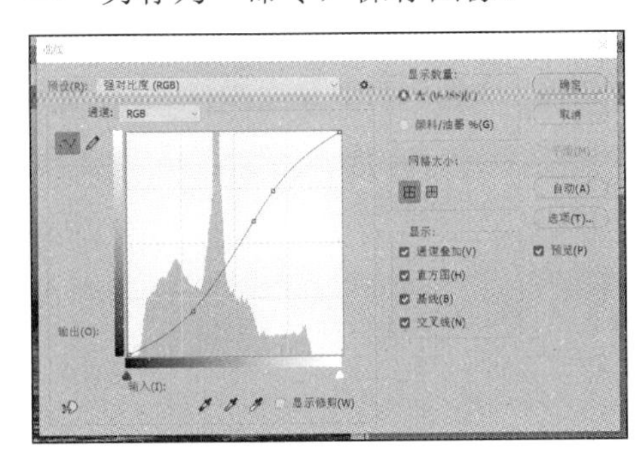

图 1.27　“曲线”对话框

图 1.28　曲线调整后的画面

（3）再打开图片素材“夕阳西下”，选择菜单中的“图像”→“调整”→“色彩平衡”命令，打开“色彩平衡”对话框，设置如图 1.29 所示参数，单击“确定”按钮，得到如图 1.30 所示的画面，选择菜单中的“文件”→“另存为”命令，保存图像。

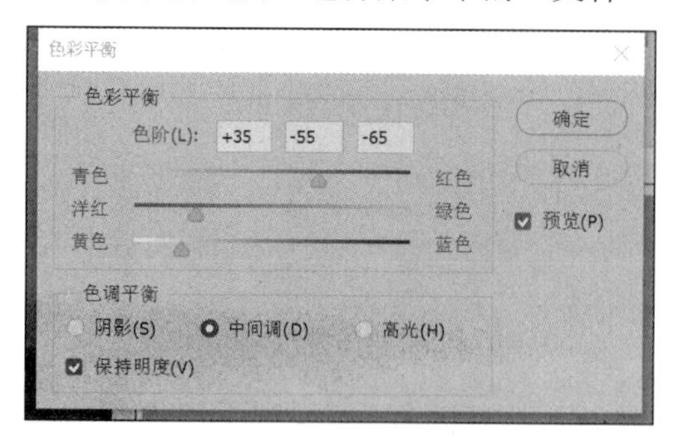

图 1.29 “色彩平衡”对话框

图 1.30 “色彩平衡”调整后的画面

（4）在 Photoshop CC 中打开第一章“项目实战”文件夹中的图片素材“菊花”，用磁性套索工具选择右上角的花朵，如图 1.31 所示。选择菜单中的“图像”→“调整”→“色相/饱和度”命令，进行色相/饱和度的调整，花朵会变成不同的颜色，花朵改变后的颜色如图 1.32 所示。

图 1.31 选择花朵

图 1.32 色相/饱和度调整后

（5）Photoshop CC 菜单中的“图像”→“调整”的下拉选项中提供了亮度/对比度、曝光度、色相/饱和度、照片滤镜等许多命令，大家可以自主尝试练习，善做总结，深入掌握色彩调整的方法与技巧。

思考题

（1）摄影的定义是什么？摄影术是哪一年诞生的？谁被誉为“摄影之父”？

（2）世界上第一张照片是谁于哪一年拍摄的？拍摄的内容是什么？

（3）数码摄影的特点是什么？

（4）影响摄影作品创作的元素有哪些？

（5）数码摄影作品创作的基本要求有哪些？

第二章　数码摄影构图

翻转课堂

✧　概念

1. 画幅　三分法构图　黄金分割法构图　景别　拍摄角度　拍摄高度
2. 主体　陪体　前景　背景　线条　影调
3. 线条透视　影调透视　对称　均衡　集中　呼应　空白　编辑

✧　拍摄实践

1. 分别用横幅和竖幅拍摄一棵直而高的树，体会横幅和竖幅数码照片画面的视觉感受。

2. 利用三分法构图法则，根据自己所在的地区环境，选择自然风貌或人文景观等进行拍摄，进一步体验三分法构图画面的优美。

3. 用不同的拍摄高度、拍摄角度、拍摄距离等拍摄同一物体，观察数码照片的不同效果。

4. 选择同一风景区，拍摄有前景和没有前景的画面各一幅，分析总结前景在画面构图中的作用。

5. 拍摄一棵植物，分别以天空、草地、植物为背景，体验不同的背景对主体的衬托作用。

6. 选取一段笔直的公路，从不同的角度拍摄，体验公路两边线条的透视效果。

7. 可以选择一个人物作为拍摄对象，变化拍摄方向、距离、高度，也可以运用不同焦距的镜头进行拍摄，尽你所能做到变化地拍摄一组照片。

本章导读

- 数码摄影构图如同一种思维方式，就像写文章、说话一样，是叙事、表意、传情的一种方式。数码摄影构图是富有个性与创造性的，是多元化的。
- 数码摄影构图综合性很强，它需要拍摄者有更广博的知识和艺术的滋养。
- 数码摄影构图的基本任务：一是发现视觉美点；二是组织视觉要素；三是突出视觉感受。
- 一幅好的数码摄影作品，不是单纯的摄影技术产物，它应该包含着作者的审美观和艺术追求。

《辞海》中对“构图”的解释：“构图，‘造型艺术’术语，艺术家为了表现作品的思想内容和美感效果，在一定的空间，安排和处理人、物的关系与位置，把个别或局部的形象组成艺术的整体。在中国传统绘画中称为‘章法’或‘布局’。”

摄影画面构图就是把我们所要表现的客观对象以现实生活为基础，以比现实生活更富有表现力的形式有机地组织、安排在画面里。即在一定的空间内安排画面中主体、陪体，以及环境等各部分元素，在画面上生动、鲜明地表现被摄体的形状、色彩、质感、立体感、动感和空间关系，使之符合人们的视觉规律，并给人以一种真实的美感，使主题思想得到充分的表达，从而得到一幅艺术性较高的摄影作品。

第一节　画幅选择与构图法则

一、画幅的选择

画幅即画框形式，是摄影画面构图中很重要的一部分，对于画面内容的表现起到一定程度的强化作用。画幅包括竖幅、横幅、方画幅、宽画幅、超宽画幅等。数码相机的画幅通常为3:2或4:3。智能数码相机具有裁剪功能，在相机的“设置”菜单中可以将照片裁剪得到16:9、1:1等多种长宽比例的画幅。选择画幅是为了表达一定的内容，对主体在画面内位置的安排，背景所占比例，以及气氛的表现等，均有着密切的关系。

1. 竖幅

当主体的形体特征为横窄竖高时，如主体是纪念碑、高大的塔、人物全身像等，应使用竖幅画面以突出主体。竖幅的画面适宜表现高耸、挺拔，但不是很宽广的景物，同时可以忽略主体外部周围的环境。如图2.1所示，采用竖幅、利用前侧光拍摄的古塔秀丽挺拔，有一种高入云霄的感觉。

图2.1 《北镇崇兴寺双塔之一》（王朋娇 摄）

2．横幅

当主体的形态特征为横宽竖窄时，如主体是曲折的河流、绵延的山脉、宽阔的田野、躺倒的人物全身像等，应使用横幅画面以突出主体。如图 2.2 所示，为了表现张掖丹霞山脉的宽阔，采用了横幅的画面。横幅画面适宜表现广阔、深远但不是很高的景物，同时兼顾主体外部周围的环境。

图 2.2 《张掖丹霞》（王朋娇 摄）

3．方画幅

方画幅即正方形的画面，适宜表现端庄、工整、严肃的题材。如图 2.3 所示，采用方画幅的画面突出花朵在画面中的位置，使主体形象具有强烈的美感。两枝相望的仙客来在黑背景的衬托下交相呼应、内容和谐、形式对称、结构紧凑。

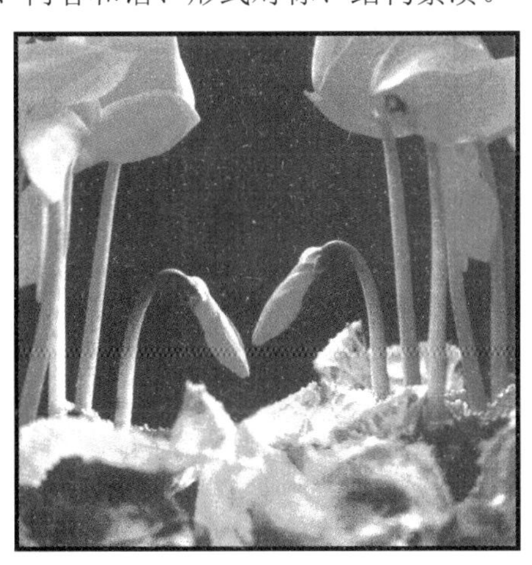

图 2.3 《厮守》

4．宽画幅

如图 2.4 所示，宽画幅具有更大的宽度，横竖比一般为 2∶1 甚至更大。宽画幅使视野变得更加开阔，一般用于风光摄影。宽画幅或超宽画幅图片，可以拍摄多张照片后再利用图像处理软件（如 Photoshop）进行裁剪或合成得到。

图 2.4 《芦花飘香》（蒋永廷 摄）

5. 超宽画幅

超宽画幅又被称为“全景图”，即指在保持一定画面高度的情况下，在水平方向上展现非常宽阔的视觉效果，常用于风光、环境或建筑摄影中，用来表现画面的整体场景。如图 2.5 所示，画面是通过 21 张照片拼接而成的，从而很好地展现了大连自然博物馆及其周边优美的环境，给人以很强的身临其境感。

图 2.5 《大连自然博物馆》（范大军 摄）

点石成金

画幅意识的培养

“尺有所短，寸有所长。”每一种画幅都有其长处和不足。因此，在拍摄时要根据主题表达的需要，分析主体水平线条和垂直线条的优势，然后决定选用什么样的画幅。也可以针对不同画幅各拍一张，如图 2.6 和图 2.7、图 2.8 和 2.9 所示，对比后再进行合理地选择。

图 2.6　竖幅画面 （王朋娇 摄）

图 2.7　横幅画面（王朋娇 摄）

图 2.8　竖幅画面（任德强 摄）

图 2.9　横幅画面（任德强 摄）

知识拓展

黄 金 分 割

黄金分割是一种数学比例关系，具体比例为 2:3、3:5、5:8、8:13、13:21。于公元前 6 世纪由古希腊数学家毕达哥拉斯发现，具有严格的比例性、艺术性、和谐性，蕴藏着丰富的美学价值。135 胶卷的画幅尺寸为高 24 mm，宽 36 mm，高宽比例就是黄金分割 3:2。

二、三分法构图

三分法构图又称为黄金分割法、“井”字分割法，是一种古老的构图法则。如图 2.10 所示，通过画面横竖两边各平均三等分的直线产生“井”字分割画面，画面中的四条线都是黄金分割线，线交叉的四个点的位置就是黄金分割点。四条线和四个点的位置就是主体或者主要景物所处的位置，或者说是趣味点所在的位置。一般左上角和右上角的黄金分割点被认为是视觉重点的位置，这与中国人现行的阅读习惯有关。当我们看书信、报纸时，视线都是从左上角进入，而第一印象又是最深刻的，所以当人们观看摄影作品时，最先看到的往往是画面左上角和右上角的内容。

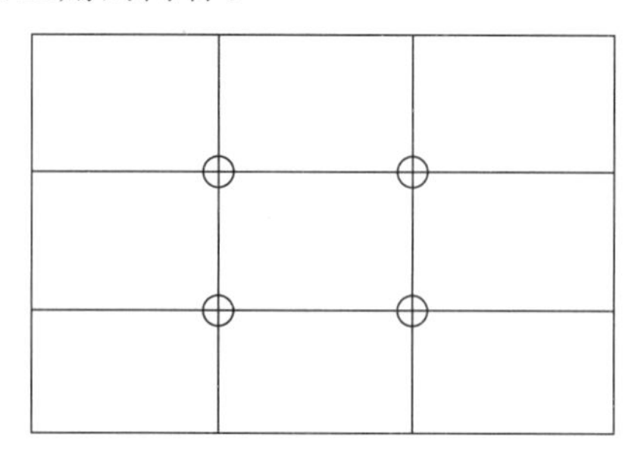

图 2.10　三分法（黄金分割线、黄金分割点）

为方便拍摄构图，可以在相机或者手机中找到“启用三分网格”的设置，把三分法网格显示在屏幕上，图 2.11 为图 2.12 的三分法网格示意图。

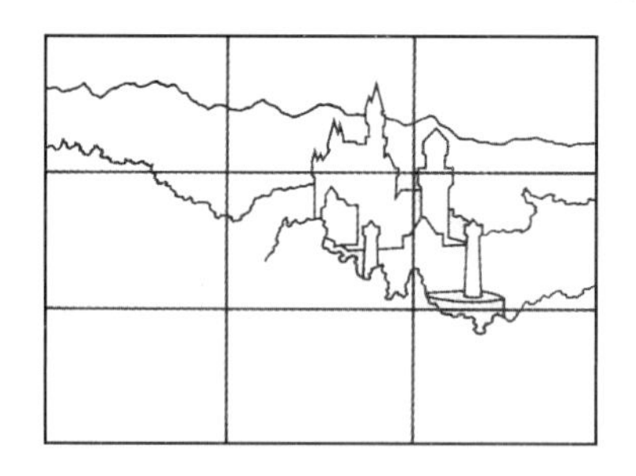

图 2.11　三分法网格示意图

图 2.12　三分法构图画面

如图 2.13 所示，辽宁北镇闾山满族剪纸已经列入世界非物质文化遗产名录。年轻的剪纸艺人处于画面左边的黄金分割线上，主体人物视线和剪纸动作相呼应，形成画面视觉重点，右边年老的剪纸艺人作为陪体，表达出中华优秀传统文化正得到保护与传承。

图 2.13　《北镇闾山满族剪纸》（蒋永廷　摄）

图 2.14 和图 2.15，都是采用三分法构图拍摄的。构图时把黄金分割点运用于无形当中，既能给人以愉悦的平衡感，又能给人以无拘束的宽松感。

图 2.14 《草原狐》（罗伯特·伯丹 摄）

图 2.15 《屹立》（王朋娇 摄）

风景摄影中，把地平线、海平线安排在画面正中往往会产生呆板的感觉；而安排在两条水平黄金分割线中任何一条上时，效果会大为改观。以地面、海面景物为主时，地平线、海平线放在画面上 1/3 处。以天空云霞为主时，地平线、海平线放在画面下 1/3 处，如图 2.16 所示。

图 2.16 《夕照帆归》（刘洋 摄）

在摄影器材越来越智能化的今天，打破常规的思维界限，运用独特的视觉语言，形成独特的摄影构图，是摄影作品在众多影像中脱颖而出的制胜法宝。三分法构图是典型的传统构图方式，在一般情况下人们常以此方法进行构图。但是，客观事物是富于变化的，创作意图也不相同，所以三分法构图并不能完全满足画面的变化与创作者的要求。因此，不拘一格、富有创造性地进行构图处理，也是符合艺术创作规律的。如图 2.17 为美国摄影家纽曼拍摄的《作曲家斯特拉夫斯基》，一架打开的大钢琴占据了画面的大部分空间，作为主体的作曲家却位于画面左下方边角处。然而正是这样的布局，使得观赏者被作曲家那种深深沉浸在音乐世界中的情景所感染。

图 2.17 《作曲家斯特拉夫斯基》（纽曼 摄）

三、其他构图法则

1. 稳定感强的 A 字形构图

A 字形构图是指在画面中，以 A 字形式来安排画面的结构。A 字形构图具有极强的稳定感，具有向上的冲击力和强劲的视觉引导力，如图 2.18 所示。在拍摄过程中，如果把所要表现的主体放在 A 字顶端汇合处，可以起到强制式的视觉引导效果。

图 2.18 《古村落》（王朋娇 摄）

2. 充当前景的 V 字形构图

V 字形构图是最富有变化的一种构图方法，其主要变化表现在方向的安排上，不管是横放还是竖放，其结合点必须是向心的，单用 V 字形时，画面不稳定的因素较大；而双用 V 字形时，画面不但具有向心力，而且稳定感得到了满足。如图 2.19 所示，正 V 字形构图一般多应用于前景中，以其作为前景的框式结构更容易突出主体。

图 2.19 《雪宝顶山口》（王朋娇 摄）

3. 动感十足的 S 字形构图

如图 2.20 所示，当画面的主要轮廓线基本呈 S 形时，就构成了 S 字形构图。S 字形构图动感效果强，既动且稳。它适合表现山川、河流、地域等的自然起伏变化，也适合表现人体或者物体的曲线，尤其是对于展现女性的优美线条，这种构图形式更具表现力。

图 2.20 《大川山河》（李冠宇 摄）

4. 三角形构图

三角形是一个均衡、稳定的形态结构，摄影者可以把这种结构运用到摄影构图中来。三角形构图分为正三角形构图、侧三角形构图、不规则三角形构图，以及多个三角形构图。正三角形构图能够营造出画面整体的稳定感，给人以力量强大、无法撼动的印象；倒三角形构图给人以一种开放性及不稳定性所产生的紧张感；不规则三角形构图给人以一种灵活性和跃动感；而多个三角形构图则能表现出热闹的动感，其在溪谷、瀑布、山峦等的拍摄中较为常见。如图 2.21 所示，在三角形构图过程中，还可利用画面中的三角形态势来突出表现主体。这种三角形构图是一种视觉感应方式，是由形态形成的。

图 2.21 《小时光》（颜秉刚 摄）

5．优美的 C 字形构图

如图 2.22 所示，C 字形构图具有曲线美的特点。在拍摄时注意把主体对象安排在 C 字形的缺口处，使观赏者的视觉随着 C 字形弧线推移到主体上。在具体的拍摄过程中，C 字形构图在方向上可以任意调整，一般情况下多在工业、建筑等题材上使用。

图 2.22 《夜色阑珊》（孟祥宇 摄）

6．对角线构图

对角线构图是非常好的构图表现方法。在对角线构图的画面中，对角线的表现形式有两种：一种是直观意义上二维画面的对角线效果，如图 2.23 所示；另一种是能使画面产生极强的动感，并且使画面表现出一定纵深感的三维立体效果，其线性透视会使拍摄对象变成斜线，引导人们的视线到画面深处。在具体的摄影构图中，除了明显的斜线外，还有人们视觉感应的斜线，表现在被摄对象的形状、影调、光线等产生的视觉抽象线。因此，对线性的把握是对角线构图运用线的关键所在。

图 2.23 《桥梦江南》（张凌翰 摄）

7. 增加临场感的口字形构图

口字形构图也称框式构图，多应用在前景中，如利用门、窗、山洞口、框架等作前景，并以此衬托主体，阐明环境。这种构图形式比较符合人们的视觉规律，如图 2.24 所示，观赏者可以通过门来观看影像，从而产生一定的透视效果和更强烈的现实空间感。

图 2.24 《卢浮宫前一个跳跃的年轻人的剪影》（詹姆斯・斯坦菲尔德 摄）

摄影画面视觉重点的建立

摄影画面中引人注目、吸引观赏者眼球的“点”，通常称为视觉重点，简称视点。它能给观赏者的视觉造成强烈的刺激，引起观赏者的深入思考和情感共鸣。视点属于形式的范畴，摄影时考虑构图技巧，光圈与快门的运用，利用色彩、明暗、点、线、面等元素的变化和所占空间位置、面积大小等形式因素，可以建立视点。如图 2.25 所示，把主要的被摄对象置于线条透视的汇聚处，虽然主体占据了较小的面积，并处于画面的深处成为一个“点”，但是观赏者的视线却能够随着透视的变化而落到这个“点”上。

图 2.25 《驰骋》（王朋娇 摄）

第二节 画面景别的选择

景别的确定是摄影创作构思的重要组成部分，其目的在于更鲜明地表达主题内容，更生动地表现对象特征，更完美地创造新颖的构图形式。景别的选择不同，表现出的画面意境也不同，景别的选择是由摄影者根据被摄对象的性质所产生的艺术构思和立意来决定的。从图 2.26 和图 2.27 的对比可以看出，景别一般是“远取其势，近取其神”。

图 2.26 远景（任德强 摄）

图 2.27 近景（任德强 摄）

景别是指摄影画面所包括范围的大小，大致分为远景、全景、中景、近景及特写。景别与拍摄距离的变化、数码照相机镜头焦距的长短直接相关。在实际拍摄中，照相机距离被摄体越近，景别越小，画面所包含的内容就越少；反之，照相机距离被摄体越远，景别越大，画面所包含的内容就越多。使用的照相机镜头焦距越长，景别越小；焦距越短，景别越大。

人物景别的划分如图 2.28 所示，景物景别的划分如图 2.29 所示。

图 2.28　人物景别的划分

（a）远景

（b）全景

（c）中景

（d）近景

（e）特写

图 2.29　景物景别的划分

一、远景

远景画面包括的景物范围广，是远距离拍摄的结果。可以说拍摄大海、草原时，远景是拍摄者的绝好选择，如图 2.30 所示。构思远景画面时，要从大处着眼，注意整体气势，处理好大自然本身的线条，如山岳的起伏、河流的走向、田野的图案、沙漠和海洋所特有的色调和线条等，并且要善于运用各种流动的因素，如大气的状况、云彩的变幻、风雨阴晴等，它们都是远景画面中动人的元素。

图 2.30 《美丽的家园》（任德强 摄）

二、全景

全景以表现某一个被摄对象的全貌和它所处的环境为目的。全景用来说明事件发生的环境、主体与周围环境的关系，如图 2.31 所示。构思全景画面，主要考虑环境与主体的某种关联，注意主体整体的、固有特征的轮廓线条及主体与周围环境的呼应关系，以达到内容上的丰富和结构上的完整。

图 2.31 《赶海归来》（孟祥宇 摄）

三、中景

选择中景的目的在于表现某一事件或对象的富有表现力的情节性、动作性强的局部，表现事物矛盾的焦点，人与人之间的感情交流和联系等，如图 2.32 所示。中景常常以动作情节取胜，环境降到次要地位。如果是静止的物体，一般也以该对象中最有趣味、最引人注目的部分为中景。中景人物画面中，手势动作常常是画面的主要部分。

图 2.32　《留住校园美好时光》（王朋娇　摄）

四、近景

如图 2.33 和图 2.34 所示，近景主要用以突出人物的神情或者物体细腻的质感。“近取其神”“近取其质”都说明了近景表现的特点。人物近景通常是指表现人物胸部以上相貌的画面，能真切地表现人物的神态、人物的面貌与表情等。近景拍摄物体时，要运用好光线，表现好物体的纹理、质地等。

图 2.33　《程菲胜利》（林慧　摄）

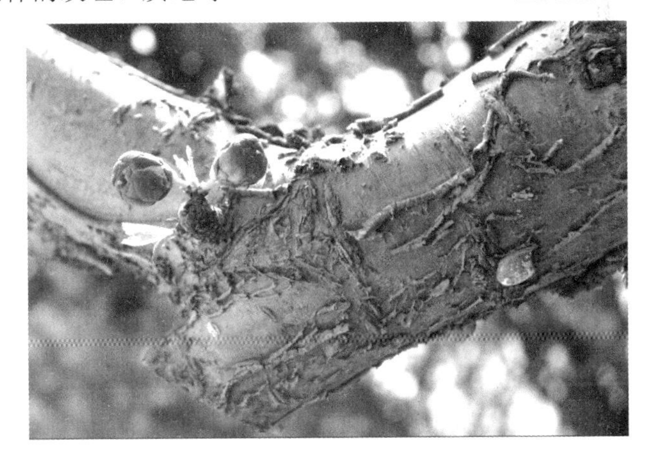

图 2.34　《别样的美丽》（房梅　摄）

五、特写

如图 2.35 和图 2.36 所示，特写使对象的某一局部充满整个画面，从细微处来揭示对象的内部特征。较之近景，特写更重视揭示被摄对象内在的情感，通过细微之处看本质。成功拍摄特写的关键在于独具慧眼的观察力，能抓取一些值得特写的局部，以打开观众能窥见事物内在的窗户。特写类摄影要求摄影师对人物表情、心理状态，以及事态发展有敏锐的预见性。

◀ 围棋是指尖上的战争。《围棋》作品拍摄的是围棋选手在 2011 年广州亚运会围棋团体比赛上落子的瞬间。围棋是中华民族传统文化的瑰宝，古人常以“琴棋书画”论及一个人的才华和修养，其中“棋”指的就是围棋。世界七彩，棋只黑白。它将哲学、艺术、科学和竞技融为一体，几千年来长盛不衰。围棋对弈又被形象地称为“手谈”，双方以落子作为无声的对抗和交流。表面平静的背后，一切波澜都蕴藏在弈者指尖。

图 2.35 《围棋》（吴晓凌 摄）

◀ 2010 年 2 月 3 日，在海地首都太子港一个灾民安置点，一名中国医疗防疫救护队队员按照当地习俗与一名海地儿童互相问好。如图 2.36 所示的《请让我来帮助你》这张照片在简洁形式上有着传承，但更多表现出“希望”与“平等”。以手传情的摄影作品有很多，《乌干达饥儿之手》以白人主教的大手和黑人的干瘪小手作对比产生强烈的情感效果，获得过 1981 年 WPP 的年度照片大奖。

图 2.36 《请让我来帮助你》（吴晓凌 摄）

友情提示

特写的应用

人物的眼睛常常是特写的内容，因为人们常说“眼睛是心灵的窗户。”的确，通过人的眼睛，可以窥见人物的内心感情。日常生活中，用特写拍摄残雪中的一朵小迎春花、春天的一株小草、夏日的一朵荷花、秋天的一片红叶，都能给人以生命的欢悦，特写比其他的景别更容易触动观赏者的心弦。如图 2.37 所示，拍摄的是绿豆芽生发的第四天，豆芽的特写富有寓意性和抒情性，较为含蓄，能启发人们对生命的思考与想象。

图 2.37　《生命之舞》（王朋娇 摄）

点石成金

突出细节永远比包容一切更有趣味

人们往往花大笔的金钱去购买摄影器材，以求拍得更好的照片。然而，我们惊奇地发现，最有用的"器材"、可以改善构图的最佳工具有时就在自己身上，就是自己的双脚。

摄影家史蒂夫·巴维斯特说："一些摄影爱好者对于什么是焦点、光圈和速度了如指掌，但是拍出的照片却是构图松散，主体过小。改掉这种最常见的毛病需要向前迈两步，靠近被摄体，注意构图紧凑，突出细节。拍摄一枝独放的花或一棵树，胜于拍摄一幅全景风光；拍摄一幅面部和双肩的肖像，胜于拍摄全身；而拍摄一幅抽象的特写，比拍摄放在一起的一堆日常用品更能引起人们的兴趣。"

巴维斯特还指出："只向前迈步而不退步是不行的。有时，物体本身就具有漂亮的线条，因而不必追求突出的主体。此时，你需要后退几步，把它们都纳入画面，拍出的照片就能引人入胜。也就是说，被摄体周围的细节有时可以衬托主体，使构图充实、严谨。"大家可以从图 2.38、图 2.39 的画面中，仔细研读不同画面的表达意蕴。

图 2.38　《千里共婵娟》（任德强 摄）

图 2.39　二次构图后

第三节　拍摄角度与拍摄高度的选择

拍摄者选择的拍摄位置直接影响着构图。距离被摄对象近一点或者远一点，高一点或者低一点，往左偏一点或者往右偏一点，都会使拍摄的画面内容完全不同。

一、拍摄角度的选择

拍摄角度是指以被摄对象为中心，在同一水平面上围绕被摄对象四周选择摄影点。在拍摄距离和拍摄高度不变的条件下，不同的拍摄角度可展现被摄对象不同的侧面形象，以及主体与陪体、主体与环境的不同组合关系变化。“横看成岭侧成峰”，不同的拍摄角度，会产生不同的画面效果。因此，在拍摄时应该从不同的角度多观察被摄体，选择最佳的拍摄角度。

拍摄角度通常分为正面角度、斜侧角度、侧面角度、反侧角度、背面角度等，如图 2.40 所示。

背面
反侧　反侧
侧面　侧面
斜侧　斜侧
正面

图 2.40　拍摄角度示意图

1. 正面角度

正面角度是指数码相机的方位正对着被摄对象的正面进行拍摄的位置。从正面角度拍摄，能够清楚地展现被摄对象的正面形象特征，让观赏者可以看到正面全貌。如图 2.41 所示，正面抓拍跳远运动员的落地瞬间，扬起的沙土让画面动感十足。运动员面对着观众，其面部表情和身体姿态似乎可以与观众产生交流，画面具有爆发力和亲切感。

图 2.41　《搏》（单博仁　摄）

正面角度拍摄时应该注意的问题

正面角度拍摄不适用于表现气氛活泼和富有运动性的主题。它的不足之处如下：

（1）容易给人一种呆板、缺乏生气的印象；

（2）画面中的各种平行线条难以产生透视效果，不易表现空间深度；

（3）画面会平均地展现正面的各部位，不易使主体突出。

2. 斜侧角度

斜侧角度是指数码照相机的方位与被摄对象正面成45°角或315°角的位置拍摄，即指在正面角度和侧面角度之间的位置拍摄。从斜侧角度拍摄的画面，既能表达出人、景、物各种被摄对象的正面主要特征，又能展示侧面的基本特征。如图2.42示，运用斜侧角度拍摄，表现出马车的“两个面”，很好地表现了马车的立体感。

图2.42 《手机@马车》（王朋娇 摄）

在以斜侧角度拍摄的作品中，构图形式生动活泼，各类线条均按一定的方向由近而远汇聚，具有明显的方向性，有利于加强空间纵深感和表现物体的立体感。

友情提示

斜侧角度拍摄的优势

斜侧面构图富有层次感和透视感，能够加强立体感，易于突出主体，所以采用斜侧方位进行拍摄者居多。运用这种构图形式所创作的优秀摄影作品不胜枚举。

在人像摄影中，采用斜侧面构图和侧逆光照明，可以使被摄对象的正面和侧面“两个面”形成鲜明的明暗对比，使人物五官中的眉、眼、鼻、嘴、耳各部位的线条产生透视变化，更加强人物的立体感，能较好地表现人物面部的皮肤质感。同时，斜侧面构图还能使人物所处的环境特征得到适当表达，用环境的空间深度、明暗对比、虚实变化来烘托主体对象，使人物形象更加鲜明突出。

3. 侧面角度

侧面角度是指数码照相机的方位与被摄对象成90°角或180°角的拍摄位置。从侧面角度拍摄，能够明确地表达出被摄对象的侧面形象特征，适用于表现人物或景物的侧面轮廓，使整个画面结构具有明显的方向性。

在拍摄某些运动中的被摄对象时，侧面构图能够加强活跃、动荡的效果。例如，在体育摄影中表现运动员跑步、跳跃时，在拍摄赛车、赛马等运动项目时，侧面构图可以产生强烈的动感，具有你追我赶的动势。如图 2.43 所示，从侧面角度的抓拍把举重比赛中运动员将杠铃脱手的瞬间抓拍得非常生动。

图 2.43 《脱手一瞬间》（王丽莉 摄）

侧面角度拍摄时应该注意的问题

运用侧面角度拍摄某些建筑物或其他物体时，容易产生的不足是：第一，由于只能表现侧面的特征，侧面的一些平行线条难以产生汇聚，使主体的透视效果大为减弱；第二，由于只能看到侧面特征，被摄对象的正面特征难以表达，构图容易流于散漫和不集中。这种构图不适于表现平静、严肃的主题。

4. 反侧角度

反侧角度是指数码照相机的方位与被摄对象正面成 135°角或 225°角的拍摄位置，即指侧面角度和背面角度之间的拍摄位置。它与斜侧面构图的拍摄方位正好相反，所类似的是同样表现了被摄对象的“两个面”，立体感较强，各类线条也与斜侧面构图一样具有明显的方向性和透视感。这种构图形式大多用于表现人物的背部特征，或以人物后侧面作为前景来展示环境和背景特征，如图 2.44 所示。

图 2.44 《准备》（刘家红 摄）

在人物肖像摄影中，有时为表现人物的背面和侧面的某些特征，常采用反侧方位来拍摄。例如，表现某些少数民族的服装头饰，运用反侧面构图形式，既可以清楚地表达人物头部和背部的一些精美图案的色彩效果，又可以看到人物的侧面形象。

5. 背面角度

背面角度是指数码照相机的方位处于被摄对象的正后方，对着被摄对象背部进行拍摄的位置。背面角度拍摄能够使观众有很强的参与感，同时在视觉与心理上产生一种悬念效果，而且背影能够微妙、含蓄地传达人物的内心世界。背面拍摄往往会收到一种特殊的效果，朱自清先生的《背影》就是从背面刻画了父亲的形象，从而深深地感动了读者。如图 2.45 所示，观众很想知道画面中的人物都在看什么，在视觉与心理上产生了良好的悬念效果。

图 2.45 《重走抗联路》（王朋娇 摄）

点石成金

拍摄方位的选择应有利于揭示主题思想

选择不同的拍摄方位，产生不同的构图形式，都是作为摄影造型的表现方法而存在的。从理论上讲，不同方位所构成的构图形式均有自己的特点和缺陷，但不能因此而武断地给各种构图形式打上优劣的印记。任何一种构图形式只要与被摄对象的特点相结合，充分发扬其优点而避其不足，能够深刻地揭示主题思想，并给人以美感，即可称为优良的构图形式，并且有可能产生优秀的摄影作品。

二、拍摄高度的选择

拍摄高度是指数码照相机位于高于、等于或是低于主体的水平高度的拍摄位置。拍摄点高度的变化即为常说的“俯拍”“平拍”或“仰拍”等，如图 2.46 所示。随着拍摄高度的变化，画面的内部因素及画面的意境等也会发生相应的变化。

图 2.46　拍摄高度示意图

1. 平角度拍摄

拍摄点与被摄对象处于同一水平线上，以平视的角度来拍摄，这种拍摄称为平角度拍摄。一般情况下，使用相机或者手机拍摄时，镜头要与拍摄主体的中心部位垂直。所以在拍摄儿童或者较矮小物体时，拍摄者要蹲下来进行拍摄。

平角度拍摄符合人们正常观察景物的习惯，有较好的视觉效果，一般构图平稳，不存在特殊变化或者变形，影像的大小、比例最具有原始性、真实性，比较符合新闻摄影、纪实摄影的要求。如图 2.47 所示，就是从平角度拍摄的画面。

图 2.47　《海誓山盟》（全增权　摄）

平拍的缺点及需要注意的问题

平拍缺乏角度的变化，削弱空间的效果，不利于层次感的表达。在摄影时可以充分利用前景来增加画面的空间感。

2. 仰角度拍摄

拍摄点低于被摄对象，以仰视的角度来拍摄处于较高位置的物体，这种拍摄称为仰角度拍摄。仰角度拍摄的作用如下。

（1）可以表现高大的形象。仰角度拍摄改变了人们观察景物的视觉效果，物体变得高大起来，能有效地在画面中突出主体，同时在创作上具有某种歌颂、赞扬之感，如图 2.48 所示。

（2）可以突出简洁的背景。从仰角度拍摄时，由于地平线压得很低，天空就会占据画面相当大的部分，可以将杂乱的背景舍弃掉，从而使画面更加简洁，主体也更加突出，如图 2.49 所示。

图 2.48 《绿山青山就是金山银山》（王朋娇 摄）　　图 2.49 《仰望紫禁城》（李少白 摄）

（3）可以表现高耸的面貌。仰角度拍摄可以表现向上的精神，拍摄人物时能表达作者对主体对象的仰慕之情，在拍摄物体时可以使画面具有一种豪放之情。如图 2.50 所示，采用仰角度拍摄医巫闾山景区的望海寺，表现了医巫闾山的宏伟高大。

图 2.50 《医巫闾山望海寺》（蒋永廷 摄）

3．俯角度拍摄

拍摄点高于被摄对象，以俯视的角度来拍摄处于较低位置的物体，这种角度称为俯角度拍摄。

俯拍视野辽阔，有助于强调被拍对象数量众多，可以表现宽广的空间、宏大的场面，甚至将全景全貌纳入视野之中，扩大了画面的信息量。同时，能表明远近景物的层次关系，展示空间感和透视感。这种方法多用于拍摄大场面风光，如山川、河流，以及大面积农田、水面、交通枢纽、草原及成群的牲畜等。想扩大景物范围，增加镜头涵盖力时，可以采用全景相机、宽幅相机或接片的方法拍摄、制作。俯角度拍摄的作用如下。

（1）可以记录宽广的场面。当拍摄者想表现宽广辽阔的场面时，如广场、牧场、宽阔的田野等，可采用俯角度拍摄，它会带来“会当凌绝顶，一览众山小”的感觉。如彩图 13 所示，通过俯角度拍摄展现了彩田龙的美丽山水全貌。

（2）可以表现宏伟的气势。拍摄高度越高，被拍摄的物体在画面上显得越小，拍摄的范围就越广，拍摄的画面就越有气势。如图 2.51 所示，这是作者拍摄的劳动者在工作中的场面，作品很好地借鉴了发电设备的构造，大胆的构图展现了电力职工作业的特点，人物虽然没有突出的形态，但标题很好地反映了行业场景，是不错的行业新闻照片。

图 2.51 《精心编织光明网》（董学菊 摄）

（3）可以使画面饱满，增强主体的立体感。从俯角度拍摄能够如实地交代地理位置、物体数量和远近距离，画面的构图常常显得非常饱满，而且可以反映主体的顶部结构，增强被拍摄物体的立体感。如彩图 14 所示，采用俯角度拍摄古村里民居屋顶，白墙灰瓦，马头山墙两头翘起，错落却不散杂，鳞次栉比的房屋被交代得一清二楚。

（4）可以有效地避让前景和背景。从俯角度拍摄时，近处和远处的景物范围会逐渐减小，因此，可以有效地避开前景和背景对画面的干扰，使主体更加突出。如图 2.52 所示，从高处俯拍乡村，使得摄影画面中的点、线、面被展现得一览无余。

图 2.52 《美丽乡村》（王朋娇 摄）

友情提示

俯角度拍摄时应注意的问题

作为一种拍摄方式，俯拍也不是想怎么用就怎么用、没有任何可遵循的规律和约束法则的。俯拍时应注意以下几点。

1. 克服高度不够

俯拍主要通过拍摄高度来实现。在实际拍摄中，经常遇到的问题就是拍摄高度不够，这样不足以显示空间体积和宽广的场面。在进行俯角度拍摄时，应尽量把数码照相机提升到最高的地方，否则就不能显示宽广的场面。

2. 避免人物比例失调

使用广角镜头拍摄的影像有一个特点，就是近大远小。知道这一点后，当从高角度以俯拍方式来拍摄人物时，便觉得人物矮小了许多，所以应尽量避免这种情况。

3. 避免前景遮挡

当拍摄风景时，适当地留取前景有助于陪衬画面，增加空间纵深感。但不理想的前景，若过多、过大地挡住了镜头，会影响画面效果，应想方设法避让或改变。初学拍摄者通常会忽视前景的处理，在利用或舍弃前景上缺少推敲。

第四节　主体——视觉的趣味点

一幅好的摄影作品中总要有一个主要的表现对象，即主体，它是整个画面的中心事物，并且只能有一个。主体可以是一个人或物，也可以是一组人或物。如图 2.53 所示，画面的主体是小树；如图 2.54 所示，画面的主体则是一群打腰鼓的人。可以说主体是摄影构图的中心，主体明确以后，就要通过各种手段来突出主体。

图 2.53 《独立》（李强 摄）

图 2.54 《安塞腰鼓》（胡金喜 摄）

一、让主体充满整个画面

让主体充满整个画面是偏重写实的直接处理主体的方法，可以通过靠近主体拍摄，或者使用长焦距镜头拍摄来实现，会给观众以身临其境的感觉，如图 2.55 所示。

图 2.55 《小吃一景》（凌珺 摄）

二、将主体安排在黄金分割点或黄金分割线上

将主体安排在黄金分割点或黄金分割线上，往往会收到良好的视觉效果，如图 2.56 所示。

图 2.56 《春耕》（蒋永廷 摄）

知识链接

利用图像处理软件“裁切”工具裁切来突出主体

Photoshop、Windows 画图、美图秀秀、ACDSee 等图像处理软件所带的“裁切”工具主要用来将图像中多余的部分剪切掉，如图 2.57 所示。

（a）原图

（b）二次构图后

图 2.57　裁切前后对比图（肖遥 摄）

但是裁切时依然要根据摄影作品的创作要求（参考第一章第三节）和构图法则来完成。裁切画面时需要精准定位，保证画面既有视觉重点又优美。在图 2.58 中（b）图会把观赏者的视线引向画面中心并与中心呼应，而（c）图则会把观赏者的视线引向画面上方甚至是画面外，两者带来的视觉感受完全不同。

（a）原图

（b）二次构图后 1

（c）二次构图后 2

图 2.58　裁切前后对比图（邓璞玉摄，王朋娇裁切）

三、利用虚实对比

摄影与视觉相比，两者之间存在明显的差距。人的视觉除有眼睛的功能外，还有大脑的参与。大脑能加工、处理视网膜上形成的影像，并能随时注意其重要部分而忽视其他非重要部分。照相机却不同，镜头只有对拍摄目标调焦后才能拍出清晰的照片。因此，摄影时可以利用拍摄技巧制造画面的清晰与模糊，使主体突出。如图 2.59 所示，就是通过虚实对比来突出主体的。拍摄动态物体时，通常用照相机快门速度控制画面的虚与实。

图 2.59　《曲的铁轨》（法新社）

四、利用色彩对比

主体与背景的影调色彩相近或相同时，会使背景与主体混为一体，为了突出主体，特别要防止“靠色”现象。主体与背景在色调上的对比越强烈，主体越突出，对于表达主题也就越有利。如图 2.60 所示，大面积蓝色背景中配以几片红叶，冷暖色对比明显，红叶显得格外夺目。

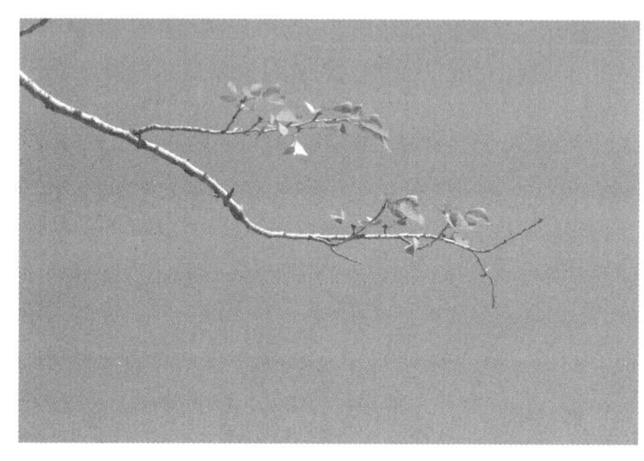

图 2.60 《枝头红叶》（吴少黎 摄）

五、利用明暗对比

摄影是光与影的艺术，因此利用光线的明暗关系来突出主体也是常用的手段。通常的做法是把主体安排在比较明亮的光线下，将不太重要的陪体安排在阴暗中，如图 2.61 所示。

图 2.61 《向往明天》（罗林 摄）

第五节　陪体——与主体构成特定情境的对象

陪体是指画面中陪衬、烘托和说明主体的景物。有些画面只有主体，没有陪体。但是在一些情景性强的画面中，陪体往往必不可少，它和主体构成一个有机的整体。摄影画面中除了主体之外，其他的被摄体都可称为陪体，陪体的作用是陪衬、交代、说明、强化、突出主体，让观赏者正确理解主题思想。在画面中，陪体处在与主体相应的次要的位置上，与主体相呼应，但不分散观赏者的注意力。陪体与主体能构成情节，有助于人们对主题深入了解，陪体在摄影画面构成中的作用主要表现在以下几个方面。

一、陪体是摄影构图的参考系

一幅摄影作品主要是通过主体形象来表达的，但往往有这样的情况：主体单凭自己的表现力无法完成反映主题的任务。例如，要表现一个物体的巨大，图 2.62 就难以给人以“巨大”的确切感受，它的大小缺少一个明确的衡量尺度；而图 2.63 中的物体就能使人对它的“巨大”留下较具体而深刻的印象，这是因为画面上有陪体——人物作为它的参考系，有利于观赏者的正确判断。

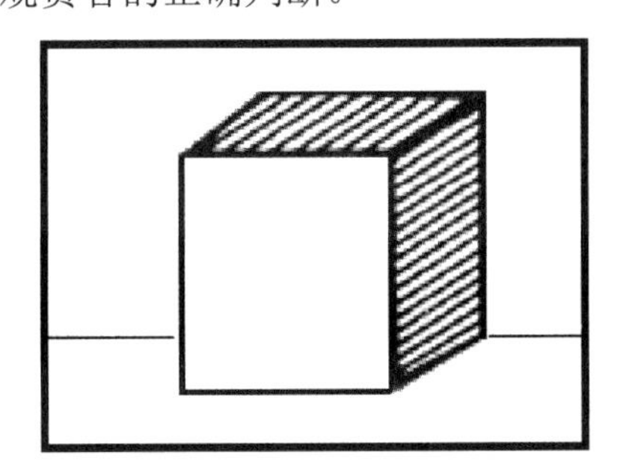

图 2.62　物体自身难以体现其“巨大”

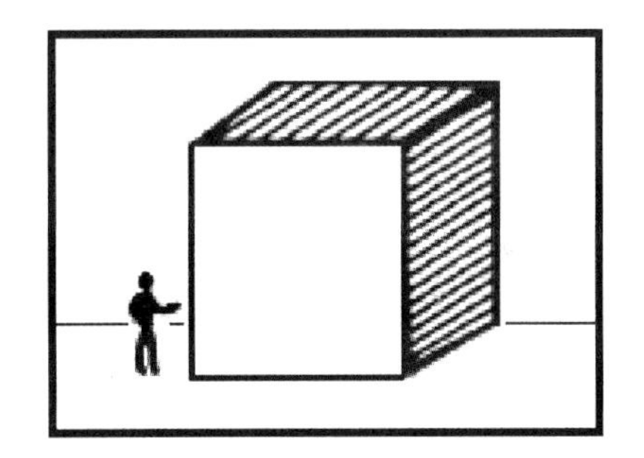

图 2.63　陪体“人物”说明主体的“巨大”

二、陪体能够与主体形成对比，美化画面

如彩图 5 所示，迈克·韦尔斯拍摄的《乌干达饥儿之手》是一幅极具视觉冲击力的成功作品。作者在构图时大胆地采取了特写，只拍下了两只手。那只又大、又白、又胖的手和那只又小、又黑、又瘦的手形成了鲜明的对比，使得这幅作品富有很强的艺术冲击力。正是由于陪体（大手）作为主体的参考系，主体（小手）的那种干枯程度才得以给观赏者留下深刻印象，从而引导观赏者联想到旱灾的严重程度并为之震撼。

三、陪体使画面造型更丰富、更具感染力

如彩图 7 所示，《藏人》并没有单调地通过刻画人物面部来表现主题，而是利用上下两个人物，通过一老一少、一虚一实的表现手法，运用对比及特写来吸引观赏者。画面下

1/3 处的孩子，露着两只迷茫的眼睛，直视镜头，而身后作为陪体的老人尽管脸部模糊，但依稀能够看到他沧桑的面容，老人的脸与前方没有经过岁月磨砺的孩子的脸形成强烈的对比，从而使画面的造型更丰富，加大了观赏者的联想空间。

陪体必须服从主体的需要

（1）当主体依靠自身的表现力足以说明问题时，陪体一般可以不出现在画面上。这样处理既可以使画面简洁，突出主体，又有利于形成“意在画内，形在画外”的含蓄感，有利于激发观赏者的想象力，参与画面内涵的再创造，并从中获得美感。

（2）构图安排陪体时，需注意陪体在位置、明暗、色彩等方面都不能喧宾夺主，不能干扰或削弱主体。构图时，陪体与主体之间要交相呼应，使两者形成一个有机而协调的整体。

第六节　前景——突破二维空间限制的标志

前景是指处于主体前方靠近照相机的景物。由于前景距离照相机镜头比较近，因此，在画面上成像较大。前景在画面中没有固定的位置，可以是实像，也可以是虚像。前景能使画面的构图形式产生变化，合理选择前景，在构图时非常重要。有的画面失去了前景的表现，导致的往往是构图失败。摄影时充分利用前景，能达到美化画面、烘托主体、加深透视感、产生对比的良好效果。

一、前景能增加画面的层次感和空间感

恰当地运用前景，不仅能明显提高画面的表现力及感染力，而且由于前景形体大、影调深，容易与主体和远景在大小、影调上形成对比，造成距离间隔，从而使观赏者在观看画面时产生三维空间的幻觉。比较图 2.64 和图 2.65 两幅摄影作品，图 2.64 因画面缺少前景而显得单调平淡；图 2.65 由于增加了栏杆和树枝作为前景，不仅较好地表现出画面的纵深感，而且平添了画面的活力。

图 2.64　画面单调平淡（王朋娇　摄）

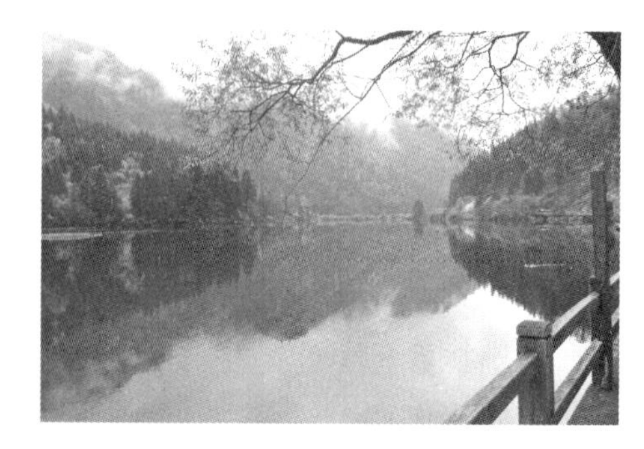

图 2.65　画面的纵深感（王朋娇　摄）

选择框架式前景也是表现画面空间感的常用方法。框架式前景就是让前景把主体影像

包围起来，形成一种框架，这样就能把观众视线引向框架内的景物，使主体得以突出。窗框、门框、栅栏、图案形孔洞等就是最常见的框架式前景。如图 2.66 所示，虽然人物占据画面面积较大，粉红色衣服色彩较鲜艳，但是观赏者会沿着人物的视线落在长城上，长城城墙的孔洞作为框架式前景起到了聚集的作用，表现出了画面纵深的空间感，并能够给观赏者以身临其境的现场感。

图 2.66 《望长城》（王玉春 摄）

二、前景能使观赏者产生参与画面的幻觉

前景影像较大，质感、细节较明显，往往给观赏者以身临其境的感觉，并且能将观赏者的视线引到画面的深处，使其产生参与画面的幻觉，如图 2.67 所示。

图 2.67 《耕海》（王朋娇 摄）

三、前景能加强画面的概括力，深化主题内涵

前景能渲染事物，有利于画面内容的充分表现。选择具有代表性、能点题、对比、比

喻和比拟效果的景物作为前景，往往能引起观赏者的联想，从而深化画面的表现力，揭示出画面的主题，并使主题得到升华，如图 2.68 所示。

▶ 本图表现的是陕北秧歌拜年这一习俗。画面中，乐手的乐器格外夸张醒目，正是这样夸张的前景强化了热闹的气氛。较慢快门速度的运用使正在表演的秧歌队员适当虚化，形成流动的色块。画面中的远景是房屋和树木，整幅画面具有较强的空间感。

图 2.68 《闹正月》（王建国 摄）

四、前景能暗示画面特征

选择具有季节特征、地方特征的景物作为前景，渲染某种气氛或特征。例如，选择能体现季节性的花木，粉红的桃花、嫩绿的柳叶可使画面春意盎然；金黄的菊花、火红的枫叶又会使画面秋色宜人。同样，具有地方特征的景物能为画面增添浓郁的地方色彩或异域情调。

友情提示

运用前景需注意的问题

前景具有易吸引视觉注意的特点，这就要求我们在拍摄时要谨慎应用。若前景和画面的主题内容存在内在的联系，那么使用它可以使内容表达得更充分、更鲜明。但是，如果前景与内容毫无关系，则再美的前景也必须舍去，因为它越美，就越影响主体的突出。

第七节　背景——画面构成的基础

背景是主体后面的景物。我们外出旅游的时候，看到美丽的景色时总想站在那里拍照，其实，这就是在应用背景了。由于背景距离照相机比较远，因此，表现在画面上背景的景物一般都比较小。

背景的作用如下所述。

（1）背景有助于说明主体所处的社会环境、地理环境及时代特征，点明、深化并丰富主题，让人们对主题有更深刻的了解。

（2）在画面的形式上，利用背景和主体影调、色调的对比，还可以起到突出主体的作用。

（3）在画面中，如果利用前景与背景的对比，还可以形成画面空间感。

背景是为主体服务的，应根据主体表现选择合适的背景，并充分利用背景的光影、色块、颜色、形状等对主体起到烘托和陪衬的作用。对于有损于主体形象的背景，则要设法避开，或利用景深控制方法，使其产生虚实对比的效果。选择背景需要注意以下几个方面。

一、背景色调对主体特征的影响

背景色调不能与主体相近、相融合，否则不利于突出主体，背景色调与主体适宜于形成对比或互为补色。如图 2.69 所示，当主体与背景的色调相同或接近时，主体的一些轮廓特征就有可能淹没在背景中，究竟是大圆中有小圆，还是只有一个圆环呢？而如图 2.70 所示的画面主体与背景有了色调差别后，不用再诉诸文字或语言，单凭形象本身就能说明问题。

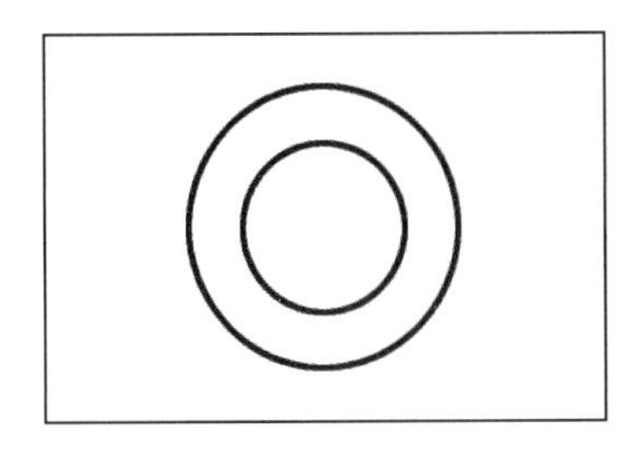

图 2.69　背景色调与主体色调靠近

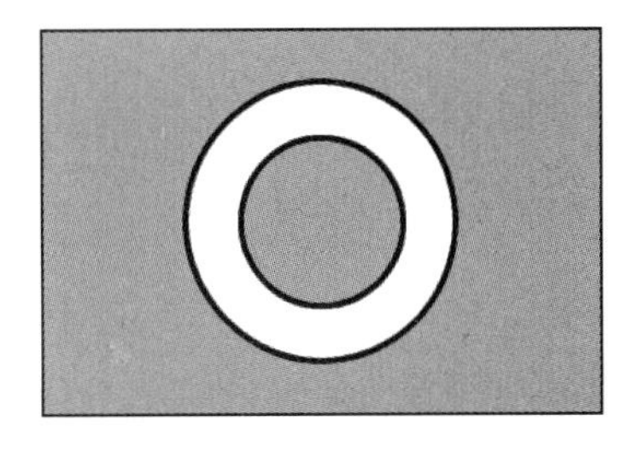

图 2.70　背景色调与主体色调形成对比

一般情况下，亮主体宜选择暗背景，如图 2.71 所示；暗主体宜选择亮背景，如图 2.72 所示。但是艺无定法，如果亮主体选择亮背景，可以得到高调的画面，画面有素雅之感。但是需要注意当主体背景均为浅色时，主体应有暗的轮廓线；当主体背景均为深色时，主体应有亮的轮廓线。

图 2.71　《暗香》（颜秉刚　摄）

图 2.72 《向天歌》（任德强 摄）

二、选择特色背景来说明和烘托主体

特色背景可以交代主体所处的时间、地点、环境等因素，可使观众了解此事件的主题，进一步理解主题以及事件内容。如图 2.73 所示，背景条幅上的文字，清楚地交代了运动会的届数以及比赛项目。

图 2.73 《争先恐后》（张冯浩 摄）

三、注意简洁背景

简洁的背景是主体突出的首要前提，画面越简洁，视觉冲击力越强，观众越能关注主体。比较图 2.74、图 2.75、图 2.76 所示的三个画面，可大致理解纯化背景的必要性。背景越简洁，人物的轮廓线条和姿态动作就越鲜明突出；而背景越杂乱，就越会削弱主体人物的表现力。背景的简洁并不意味着背景上的形象越少越好，而主要是指与主题内容无关的形象越少越好。因为与主题无关的背景再美好，也只是一种毫无生气的装饰，只能干扰和分散观赏者的注意力，不利于主体形象的突出。

图 2.74　单一的背景

图 2.75　简洁的背景

图 2.76　杂乱的背景

当拍摄证件照时一般都使用一种单一颜色的布作为背景，就是为了使主体更加突出。

简洁背景可采用的技巧如下所述。

（1）选择合适的拍摄角度，避开杂乱的背景。

（2）运用长焦距镜头或使用大光圈，利用小景深，使背景虚化，突出主体。

（3）利用逆光拍摄，把与主题无关的杂乱背景掩饰在背景的黑暗中。

（4）利用雾、雨、雪作为背景，使背景淡化，突出画面主体。

第八节　摄影画面的线条

线条是构图的重要组成部分。人们的视线往往会随着线条移动，无论它们是由道路、成行的笔直树干、电线杆等构成的明线条，还是由隐含在形体、色调、颜色等轮廓构成的暗线条，都是如此。因此，拍摄者可以充分利用线条，通过精心安排画面构图，把人们的注意力引向被摄物，把画面中不同的景物联系在一起，或由它们来表现纵深感和动感。

一、线条及视觉心理

任何一张照片上都存在线条，没有线条也就不存在构图。线条不仅具有形式美，而且富有视觉情感色彩。线条的这种含义，实质是人的观念和情感的积淀。罗丹说："优秀的线条是永恒的。"了解线条的含义及其能给观赏者造成的心理感受，在构图时就可注意运用，或利用它来加强画面的形象力和概括力。不同的线条，其含义也不同，线条的含义参见表 2.1。

表 2.1　线条的含义

线　条	含义
横线条	平稳、舒张、宁静
竖线条	有力、坚实、庄严、高耸
斜线条	动感且有较强的视线引导作用
曲线条	自然美、情感浓郁、造型力强。那些波浪式行进、螺旋式旋转、蛇形般蠕动的曲线，不但流畅活泼，富有动态感，而且能增强画面的纵深感

图 2.77　线条具有远近感

画面上的线条还有粗、细、曲、直、浓、淡、虚、实之分。不同的线条不仅能构成不同的图形，而且因其粗、细、曲、直、浓、淡、虚、实的不同，能产生不同的艺术表现力：粗线条强、细线条弱；曲线条柔、直线条刚；浓线条重、淡线条轻；虚线条动、实线条静。

线条还具有远近感。当不同长度的线条按一定顺序排列起来时，能感觉到画面的空间感，长线显得近，而短线显得远，如图 2.77 所示。此外，线条还具有节奏感，线条只要排列整齐、循序渐进、富有层次的重复，就能造成雄壮、行进、恬静、优美、欢快等节奏。这种节奏的韵律感能给人以美感。

二、线条的运用

线条是一种造型手段。摄影中线条的运用，主要表现在可能运用的摄影手段，充分体现线条的作用，以增加画面的空间感，并以此来组织画面的各个部分，更好地反映摄影者的意图和感情，增强画面的表现力和感染力。

1. 线条透视

线条透视，一是指与视轴平行的线条，向远处延伸时相互距离缩短，当到达地平线时交于一点，如图 2.78 所示；二是指景物距离观看者的位置远近不同而感到大小不同，近处景物大，远处景物小。这种大小对比越强，空间感越强。

图 2.78 《百年脚印》（王朋娇 摄）

在二维平面的照片上表现被摄景物三维空间的摄影手段

客观世界中的物体具有三维空间的特征，即有高度、宽度与厚度；而摄影画面是一个只有高度与宽度的平面。在二维平面的照片上表现三维空间的被摄景物手段主要有：前景运用、虚实结合、线条透视。

2. 主观加强线条透视的方法

（1）照相机靠近景物，以小光圈拍摄。对于摄影构图来讲，在点与线结构层面上形成的线条汇聚，是主观加强线条透视效果的基本手段。

（2）根据拍摄对象本身的线形情况选择好拍摄角度，以便产生汇聚或重复效果，如图2.79所示，拍摄一条小路，以小路为轴线，选择了与之构成垂直角度的拍摄位置，就看不到小路的透视效果；只有当拍摄方向与小路（轴线）构成锐角时，才能看到线条的透视效果。

图2.79 《苇海》（王朋娇 摄）

（3）拍摄位置有正、仰、侧、俯之分，一般来说，正面位置不如侧面位置效果好；仰拍有利于强化高大物体的透视感。如图2.80所示，俯拍有利于表现平面线条的透视感。

图2.80 《大连星海湾鸟瞰》（范大军 摄）

（4）充分运用前景来增加近大远小的线条透视效果。

（5）运用短焦距镜头拍摄。这种镜头拍摄的画面本身就会产生近大远小的效果，从而加强画面线条的汇聚效果，形成画面深度空间感。

三、线条结构

线条结构是指在构成画面时，从众多的线条中选择一条或一组最能反映摄影者思想感情的线条作为画面的主线来联系其他线条，把画面组成一个有机整体。摄影画面常见的线条结构主要有水平线结构、垂直线结构、斜线结构、曲线结构、三角形结构、集心式结构等。

1．水平线结构

水平线结构一般适合表现宽广的景物及平坦开阔的对象，如地平线、水平排列的看台座椅等。一幅画面中，如果有一条或数条平行的水平线时，就能使人产生一种平静心理。如彩图 10《静谧》所示的由水平线构成的画面给人一种安静的感觉。水平线缺乏透视感，对画面空间表现不利，也易造成画面的单调性。

2．垂直线结构

垂直线结构适合表现高大的景物，如高楼大厦等。它能强调建筑物或树木的高耸、挺拔，人物的庄严伟大。如图 2.81 所示，一系列垂直线条有助于构成静止和有序的画面。

图 2.81 《张家界天子山的御笔峰》 （王朋娇 摄）

3．斜线结构

斜线结构又称为斜角线、对角线，如果是弯曲的斜线，又可称为弧线、弯形线。如楼梯、栅栏等斜线、弧线能使画面产生一种动感，显得活泼生动。斜线比横、竖线形都要长，在视觉上通常从画面的一个角延伸到画面的对角上，如图 2.82 所示。

图 2.82 《七彩世界》(王朋娇 摄)

4．曲线结构

曲线结构的画面更富有变化，有一种悠远感，如小路、弯弯的河流等。曲线能在视觉顺序上对观赏者的视线产生由近及远的引导，使之深入到画面的意境中去，如图 2.83 所示，使静止的画面出现动感。但是，曲线虽美，却往往显得纤弱，缺乏力度。

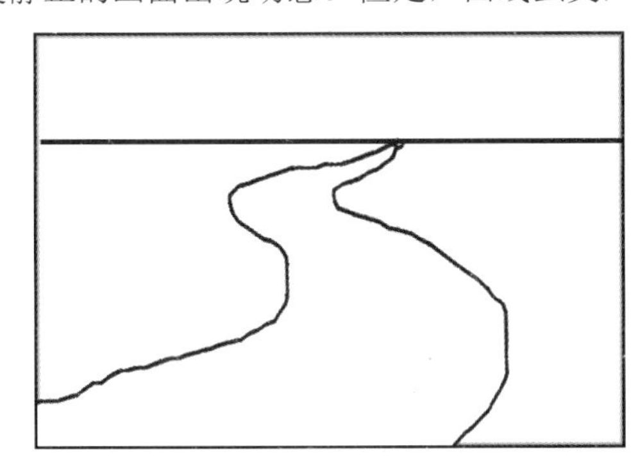

图 2.83　曲线透视

5．三角形结构

三角形结构的主体呈三点式分布，这种结构比较有稳定感，如俯视广场上的呈三角形分布的三个人等。三角形结构有正三角形和倒三角形两种，竖幅的不等边三角形结构带有空间透视感，类似于国画中“近低远高”的透视效果。正三角形有一种内在的稳定性与坚固性，能给人以沉稳、庄重的感受，如图 2.84 所示。而倒三角形本身的不稳定性，会使人们在观看画面时产生一种动荡不安的视觉心理。因此，倒三角形结构适宜渲染画面的紧张、匆忙的气氛等。

6．集心式结构

集心式结构是指放射线、扇形线单组或多组线在画面上呈辐射的线形排列，这种线形有长短变化，但一定要有规律。集心式结构的特点是，能够引导人们的视线自然地向中心聚集，鲜明地突出主体形象。当主体形象较小、容易被忽视时，用这种结构形式会令观赏者注意主体，如图 2.85 所示。

图 2.84 《美国亚利桑那州马蹄湾》（王朋娇 摄）

图 2.85 《编织美好生活》（任德强 摄）

第九节　影调的配置

影调是照片的最终表现形式，它是画面上占主要优势的基本调子。影调是用深浅颜色表现的，视内容而定，能起到烘托主体、明确主题思想、表现环境气氛和构成一定意境的作用。

一、影调的含义

影调在摄影上有两种含义：阶调和色调。

1. 阶调

阶调是指黑白摄影作品中影像明暗过渡的变化情况，也就是指影像的黑、白、灰的一系列过渡情况。如果将一张照片的不同灰度的部分剪切下来并依次拼接在一起，就可以得到从黑到白渐变的灰度序列，构成一个如图 2.86 所示的完整影调范围。大部分照片都有完整的影调，如图 2.87 所示，景物在侧光照射下形成不同深浅的黑、白、灰影调，显示出景物不同的亮度和明暗关系。

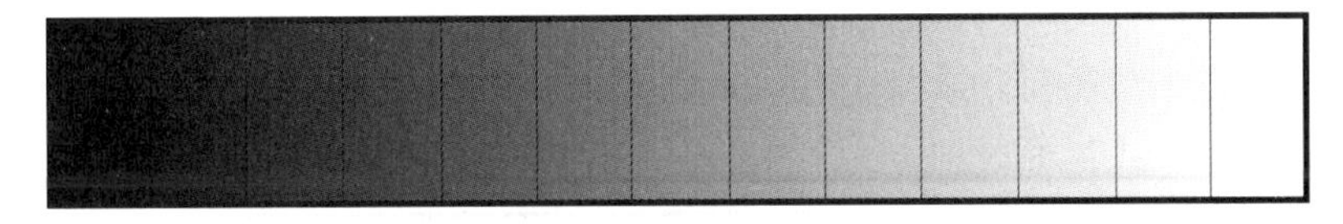

图 2.86　影调范围

图 2.87 《山村》（李强　摄）

黑中有白，白中有黑，灰色层次多，影像明暗变化大而多，称为影调丰富、影调细腻。反之，黑、白、灰过渡剧烈，呈跳跃式变化，黑、白、灰的层次少，称为影调简单、影调粗犷，类似于版画效果。

不同的影调能产生不同的视觉强化作用。丰富的影调有助于产生恬静、温和、舒畅之感，粗犷的影调给人以跳跃、刚强、激烈、兴奋之感。

2. 色调

色调是指彩色摄影作品中的色彩跨度，以及深浅程度。彩色摄影作品中，整体的色彩基调有以下几种情形：冷调、暖调、中性调、高色差调等。冷调是指画面以蓝、绿色调为主；暖调是指画面以红、黄、橙色调为主；中性调是指画面以绘画中的“高级灰”为主，如浅褐色、米黄色等；高色差调是指画面大跨度的色调关系，如“万绿丛中一点红”、黑夜中的大红灯笼等。

二、影调的种类

摄影作品根据基调的不同通常分为亮调、暗调和中间调 3 种。

1．亮调

亮调也称为高调，是指画面上白色或浅色调占绝大部分，由浅灰到白的少数等级构成整个画面的色调，影调清淡，如图 2.88 所示。亮调照片虽以等级偏高的浅色调为主，但仍要求有丰富的层次，也不排斥小块深色暗调的存在。由于大面积浅色调的衬托，小部分的深色暗调显得更突出，能起到画龙点睛的作用。白色与浅灰色调，常会激起人们愉快的情绪，使画面有雅洁、娴静或高贵的效果。亮调照片能给人以轻盈、纯洁、优美、明快、清秀、宁静、淡雅和舒畅之类的感觉，常适用于表现雾中秀丽的风光、浅色的景物和动物等，在人像摄影中用于表现儿童、少女、医生等效果较好。

图 2.88　高调画面（蒋永廷 摄）

拍摄亮调照片时，可以从以下几个方面入手：被摄主体的色调要以浅色为主；采用正面光或漫射光照明；选择浅淡背景；以天空作为背景；增加曝光量。

2．暗调

暗调也称为低调，是指画面上黑色或深色占绝大部分，是由深灰到黑的少数等级构成整个画面的色调，影调浓重、深沉，如图 2.89 所示。在摄影构图中，暗调能对观众产生情绪上的影响，产生这种影响的原因在于长期形成的心理暗示。黑色常使人联想起夜晚，联想起某种神秘的事物。因此，暗调的照片要比亮调的照片更富有戏剧性，给人以神秘、肃静、忧郁、含蓄、深沉、稳重、粗犷、豪放、倔强之类的感觉，适于拍摄日暮、夜景等，在人像摄影中常用于拍摄老年人、个性化男人等，如图 2.90 所示。

拍摄暗调照片时，可以从以下几个方面入手：被摄主体的色调要以深色为主；采用侧光或侧逆光照明；选择深、暗背景；利用阳光背阴面；减少曝光量。

图 2.89 《老者》(任德强 摄)

◀ 卡特拍摄的《温斯顿·丘吉尔》(见图 2.90)就是用暗调表现丘吉尔坚毅、刚强性格的照片。1941 年 1 月 27 日，刚开完会的丘吉尔来到唐宁街 10 号的一个小隔间准备拍摄几张表现坚毅、刚强的照片。然而，抽着雪茄的丘吉尔显得过于轻松，与卡特所设想的领袖神韵不符，于是卡特走上前去，把雪茄从这位领袖的嘴里拿开，丘吉尔吃了一惊，他被卡特的举动激怒了。就在他怒视卡特的一刹那，卡特按下了快门。这张照片在全世界广为流传，成为丘吉尔照片中非常著名的一张。

图 2.90 《温斯顿·丘吉尔》(卡特 摄)

3. 中间调

中间调介于亮调与暗调之间，明暗相当。画面反差小，调子柔和，层次丰富。通常我们拍摄的照片都是中间调。对比强烈的中间调照片，给人以生气、力量、兴奋之感；对比平淡的中间调照片，给人以凄凉、压抑、朴素之感。

在摄影构图中，对影调的运用还表现为掌握好景物的影调对比。一般来说，浅色的主体宜选深色的背景；深色的主体宜选浅色的背景。影调的对比越强烈，给人的视觉感受就越醒目。

三、影调透视

影调透视是以明暗配置展现空间的一种形式，由于观看位置的不同，近处景物暗，远处景物亮，影调的明暗处理用于表现画面的空间感。人的视觉在观看有较大纵深度的景物时，由于大气层的缘故，远处的景物轮廓较模糊，反差较小，亮度较大；近处的景物轮廓清晰，反差较大，亮度较小。因此，在风景摄影中，对影调的处理使其远处景物影调浅一些，近处景物影调深一些，往往有助于画面产生明显的空间感、纵深感，如图 2.91 和图 2.92 所示。这种影调透视也被称为阶调透视、空气透视等。

图 2.91　影调透视

图 2.92　影调透视加强了画面空间感

景物的影调效果在很大程度上是由其本身的深浅决定的，但是，有意识地运用滤镜、光线等手段，也能改变景物的影调效果，为表现意图服务。在构图时应包含前景、中景和远景，通过不同距离上景物的影调对比增强画面的空间感。

有时，拍摄室内景物也能利用影调透视使房间显得更大。如图 2.93 所示，由于选择了合适的拍摄视角并利用了户外的入射光线，既产生了强烈的几何透视，又产生了影调透视，使小小的空间产生了深度。近处的座椅呈现浓重的剪影效果，而远处的窗户逐渐淡化，形成距离感。此外，拍摄点设在一个墙角，形成了两点透视，而广角镜头的使用又强化了几何透视的效果。

图 2.93　《时光清浅》（颜秉刚 摄）

第十节　画面构图的和谐感

一、对称与均衡

1. 对称

对称指的是沿画面中心轴两侧有等质、等量的相同景物形态，两侧保持着绝对均衡的关系，给人的感觉是有秩序、协调，如图 2.94 所示。艺术中的对称原则是客观世界的自然规律在艺术中的反映。对称在自然界中随处可见，是人们习惯了的一种自然形式，如人的五官、树叶的叶面、雪花的结构，等等。

图 2.94　对称构图的画面（颜秉刚摄）

对称的构图在摄影中多运用正面角度拍摄，以表现物体的正面形象，使画面显得工整。结合题材运用得当，能呈现出端庄、安定的感觉，但这种构图运用不当时画面就会显得呆板、单调，甚至乏味。

2. 均衡

1）均衡的含义

摄影画面的均衡应是变化中的均衡和心理感觉上的均衡。

由于生理和物理的原因，人们习惯于平衡和稳定，观赏者对画面的均衡要求，也就是这种习惯经验的心理反应。人们根据物理经验的心理反应，一般认为画面是有重心的。画面中一条假想的中轴线是重心线，布局均衡就是指沿重心线两侧有不等质、不等量或不等形的形式，给人以视觉等效的感受，如图 2.95 所示。均衡画面的结构布局能给人以稳定、合理、严谨、完整的感受。但摄影画面的均衡不等于对称，因为对称虽然容易取得均衡的效果，但常常显得平板、呆滞，不能引起人们的兴趣。

图 2.95　均衡示意图（刘艳秋 摄）

2）影响均衡的因素和这些因素使人产生的心理感觉（见表 2.2）

表 2.2　影响均衡的因素和这些因素使人产生的心理感觉

影响均衡的因素	产生的心理感觉
物体在画面的位置	通常在画面上方的物体轻些，在画面下方的物体重些，如云、飞鸟等给人的感觉轻，而地面上的房屋、树木等显得重些
形体	画面中块面大的物体重些，块面小的轻些
色调	物体的颜色深的重些，浅的轻些；明度低的重于明度高的，冷色的重于暖色的
结构	密的重于疏的，实的重于虚的
状态	运动的物体比静止的物体重些
形象	人重于动物，动物重于非动物
空间	近的重于远的

3）均衡的运用

在实际拍摄过程中，拍摄者要注意使画面在视觉感受上给人以均衡感，否则，就会让观赏者感到向一边倾斜，或头重脚轻而不舒服。

例如，有这样一张照片：下方是一片空白，远处无任何景物，天空中无一丝云彩。这样，上方就没有吸引人们视线的东西，显得下重上轻、不均衡。相反，上方若隐约地显示出一座塔影，虽然面积小，影调浅，但它具有吸引人视线的力量。因为人们在欣赏画面时，视线由上至下移动、流转。上下有了呼应，画面就能达到均衡。如果没有塔影，而是两只小鸟在飞翔，同样也可以起到均衡画面的作用。

 **友情提示**

不均衡的运用

可以从另一方面运用均衡，即有意地违反均衡的法则，使画面从不均衡中造成某种动荡感，像受到外界冲击一样。例如，有些表现滑雪、冲浪等运动的画面，常常采取对角的斜线，整个线条都向一方倾倒，使观赏者感受到强烈的动感。画面看上去很不均衡，但是它突破了一般的构图原则。在对一般构图法则深刻理解的基础上，大胆地利用不均衡的画面变化形式，会创作出别具一格的摄影画面。

二、集中与呼应

1. 集中

集中是指众多景物向一个目标汇聚。它依据景物的空间定向，物体的形态，以及人物的视向、动态、表情或线条结构等，使画面建立一种秩序，有机地结合成为一个整体，如透视线条的汇聚就是一种比较典型的集中形式。如图 2.96 所示，因为所有人的视线都向画面中心集中，所以有统一的感觉。

图 2.96 《钟鼓楼夜市》（蒋永廷 摄）

集中分为动态的集中和表意的集中。

（1）动态的集中是指人物或物体的动作、态势的集中，动态的集中是形式上的。

（2）表意的集中是内在的，如人物的形态表情是变化多样的，在不同的生活环境中，会有不同的表现，有一致的，也有不一致的，这就使画面形成极为复杂的内在表现。在这种条件下，动态可能是不集中的，然而表意的集中也可以使得画面表现形成集中感。

当然，在集中的表现上，也应根据题材的不同而有所变化，不能为了集中而集中，集中运用不当也会产生单调的效果。有时，集中表现为一种趋势，其中除了主趋势外，也有变化，这样的形象更具生动性。

2. 呼应

呼应在摄影构图中主要属于心理范畴，它是指画面上的主体和其他形象的有机联系。呼应可以利用光、影、色调、实体、虚体，以及物体的形态、大小各异的对象等的相互关系，使整体画面布局达到有秩序、含蓄、均衡的效果。在画面的布局中，存在众多的呼应关系，如物体的疏密、色彩的浓淡、线条的曲直粗细，都是在呼应中使画面达到均衡的。例如，画面左右两侧物体的布局，一侧的对象要求有另一侧的对象相呼应才能使画面均衡。

用“三分法”安排画面主体的一般原则是，主体无论处于哪一个位置，都应该面向画面中心，这样才有利于加强主体与其他部分的呼应关系，达到画面结构的均衡和完整。如图 2.97 所示，主体面向画面的中心，能与其他部分形成呼应，使画面结构均衡、严谨。如图 2.98 所示，主体面向画面的外边，画面的呼应关系就消失了。

主体与陪体的呼应

在拍摄主体时，应使观赏者的注意力集中到主体上面，但又不能忽视观赏者的其他感官的作用，要通过画面充分调动观赏者的其他感官共同参与到画面的欣赏中，这就要求拍摄者注意到主体在人的视觉、听觉、嗅觉、触觉上的呼应作用，然后用画面表现出来。另外，也要注意主体与其他陪体之间的呼应作用，使陪体充分起到陪衬、说明主体的作用。如图 2.99 所示，画面和谐紧凑。

图 2.97　呼应关系

图 2.98　呼应关系消失

图 2.99 《专注》（曹安然 摄）

三、空白

1. 空白的含义

所谓空白，是指画面上没有具体形象的单一色调。单一的色调可以是天空、水面、草原、土地或其他景物。空白虽然不是实体形象，但在画面上同样是不可缺少的组成部分。它是沟通画面上各个对象之间的联系，也是组成它们之间相互关系的纽带。

中国画中讲究“疏能走马，密不透风”，摄影画面中也是同样的道理，通过疏密的合理安排，能对观赏者的视觉感受产生张弛有度的刺激，给人以舒畅的节奏感，使画面更具韵味。对于疏密问题，关键在于如何“疏”，也就是掌握好画面的空白问题。

2．空白的作用

1）突出主体

要使主体醒目，具有视觉冲击力，就要在它的周围留有一定的空白。空白在动态画面中主要表现为“头上空间”。如图 2.100 所示，虽然抓拍到了运动员起跑的精彩瞬间，但是由于画面上方的空白太小，画面就显得压抑。如图 2.101 所示，虽然抓拍到每个人物脸部表情的精彩瞬间，但是由于画面上方空白过大，画面显得松散，不容易形成视觉重点。如图 2.102 所示，画面上方空白恰当，就会给人舒适、协调之感。

图 2.100　画面空白太小

图 2.101　画面空白过大

图 2.102 画面空白恰当（王子豪 摄）

2）在视觉和心理上造成动势

在画面人物前方留有空白，能给观赏者的思维提供回旋的余地，有利于激发人的想象力，保持画面的均衡。如图 2.103 所示，在动体的前方留有空白，也能增强动体的动感。因为观赏者在欣赏画面时，视线会下意识地随动体的运动方向移动。如果动体前方没有一定的空白，有障碍物或动体贴近画幅边缘，不仅会削弱动感，而且观赏者的视线会因为受阻，无伸展余地而产生不舒适感。

图 2.103 《超越》（王鹏臣 摄）

3）刻画意境、渲染气氛

人们常说“画留三分空，生气随之发”。空白虽然不是具体形象，但是运用得当，能产生“此处无声胜有声”的效果。一幅画面如果被实体对象塞得满满的，没有一点空白，就会给人以一种压抑的感觉，画面上的空白留得恰当，才会使人的视觉有回旋余地，思路才会有变化的空间。空白留取得当，会使画面生动活泼、空灵俊秀。空白处，常常洋溢着作者的感情、观赏者的思绪，通过空白，作品的境界也能得到升华。

如图 2.104 所示，画面中大部分是洁白的雪地，这就形成了画面的空白。但这一空白并不是孤立的，它与侧光照射下的雪中小草相呼应，使画面显得生动活泼，给观赏者以想象的空间，使画面宛如一首小诗。

图 2.104 《光阴》（李强 摄）

点石成金

构图的和谐感——对称与均衡、集中与呼应、空白

一段好的音乐不可能是一个节奏，它会合理地安排节奏的缓急。摄影也一样，照片中的各个元素不能太拥挤，也不能太分散，这就要求我们要将画面中的元素安排得疏密有致。对各个元素排列次序是为了满足我们审美上的均衡需要，其实，排列次序并不是千篇一律的，影调和色彩的疏密、对比也可以参与到次序的排列中来。

第十一节　照片的编辑与说明

对于观赏者而言，一张好的照片，仅仅具有强烈的视觉冲击力还不够，还需要能够引导观赏者正确地理解照片的内容，这就需要对拍摄的照片进行一定的编辑和说明。一张优秀的照片应当能让观赏者超越画面的内容了解到更多的信息。

一、照片的编辑

照片的编辑工作可以分为以下几个步骤。

（1）判断需要几张照片才能最简练地表达事件，有的事件使用一张照片就足以说明问题，有的事件则需要两张甚至更多张照片才能说明问题。

（2）选择最能够反映事件的、具有一定视觉冲击力，并且符合印刷技术指标的照片。

（3）使用裁剪的方法去掉画面中与主题表达无关的元素，使照片变成一张极具视觉冲击力的佳作，但是大幅度的裁切也会导致照片质量下降。当对照片进行局部放大时，图像的像素就会变低。

（4）编写照片说明。有的照片本身就足以表达主题思想，但是绝大多数照片还是需要加以文字说明的。如果照片没有文字的互证互辅，照片价值就会大打折扣，所以必要的文字说明能够将画面无法说明的问题交代清楚。

二、撰写文字说明的技巧

1．简洁、准确

照片说明的目的，是对画面中观赏者注意到的内容进行必要的解释，这种解释应客观、真实，避免主观臆断和对画面的简单重复，对于画面上显而易见的事情，就没有必要写到说明中去。

照片说明的长度一般为两三句，最长不超过四句。第一句点明时间、地点和画面内容本身，下面再简要地说明事件的背景或意义，以便突出照片的主题。

2．文字中的五要素

（1）事件：除非照片中发生的事件一目了然，否则在照片说明中首先要说明画面中的事件是什么。

（2）人物：交代画面中主要人物的身份。如果画面中的主角本身就是新闻人物，只需写清他们的名字；如果画面中的主角还不为人知，就要添加一些必要的信息以帮助观赏者清楚地了解人物的身份。

（3）时间：要从画面上找到事件发生的精确时间可不太容易。在大多数情况下，只需要表明事件发生的日期即可。但是，对于卫星发射这类有着精确时间的事件，就需要将更为精确的时间添加在说明中。

（4）地点：同样，除非画面上有非常明确的标志或是标志性的建筑物，否则很难判断事件发生的具体地点，所以写明事件发生的地点也是很重要的。但是，如果事件具有普遍意义，或是地点对于事件本身没有特殊的意义，说明中也可以不包含地点的信息。

（5）起因：交代事件的起因和背景非常重要，因为这不仅可以使观赏者对事件有一个整体的了解，还能点明和深化照片的主题。

3．语言魅力

拍摄者在撰写照片说明时还应当发挥语言的魅力，突出一个“新”字，这主要体现在两方面：一是立意要新，阐述事物发展的“闪光点”；二是角度要新，善于从不同角度入手，寻求耳目一新的效果。

对照片说明的要求

（1）简短、有序、准确，不可想当然，不能随意加入主观想象、愿望、理想的内容。

（2）用最简单的文字写最重要的内容。

（3）照片说明应该是讲述照片背后的故事，而不仅仅是照片中的影像。

（4）形象是第一位的，若找不到形象，则让位给文字记者。

点石成金

撰写文字说明

1997 年 7 月 1 日，我国香港正式回归祖国。6 月 30 日，驻港英军在皇后巷广场最后一次降下英方旗帜，这是历史的见证，如图 2.105 所示。拍摄这张照片时，皇后巷广场人山人海，来自世界各地的人们见证了这一历史时刻。

图 2.105 《英军降旗》（邓维 摄）

如图 2.106 所示，《望长城内外》拍摄于 1986 年 10 月，画面表现的是英国女王和她的丈夫爱德华亲王参观长城时的一个精彩瞬间。画面中，女王和她的丈夫站在长城上朝不同的方向观看，中景画面交代了特定的背景——中国的长城，又记录了他们惊异的神态和表情，从而反映出中国的变化令他们震惊，也让世界人民另眼相看。

图 2.106 《望长城内外》（郑鸣 摄）

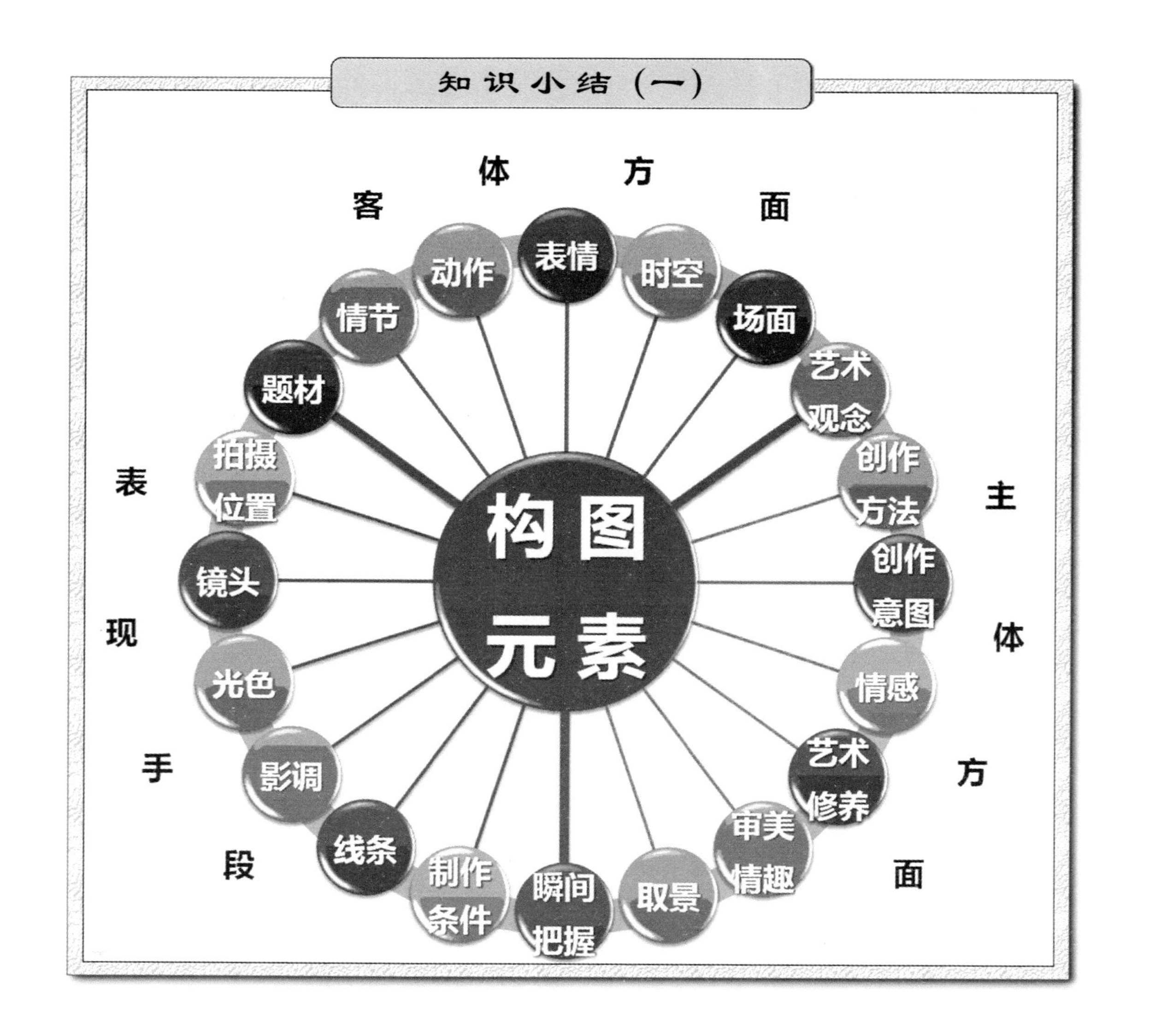
知识小结（一）
客体方面
表情
时空
场面
动作
情节
题材
主体方面
艺术观念
创作方法
创作意图
情感
艺术修养
审美情趣
取景
表现手段
拍摄位置
镜头
光色
影调
线条
制作条件
瞬间把握
构图元素

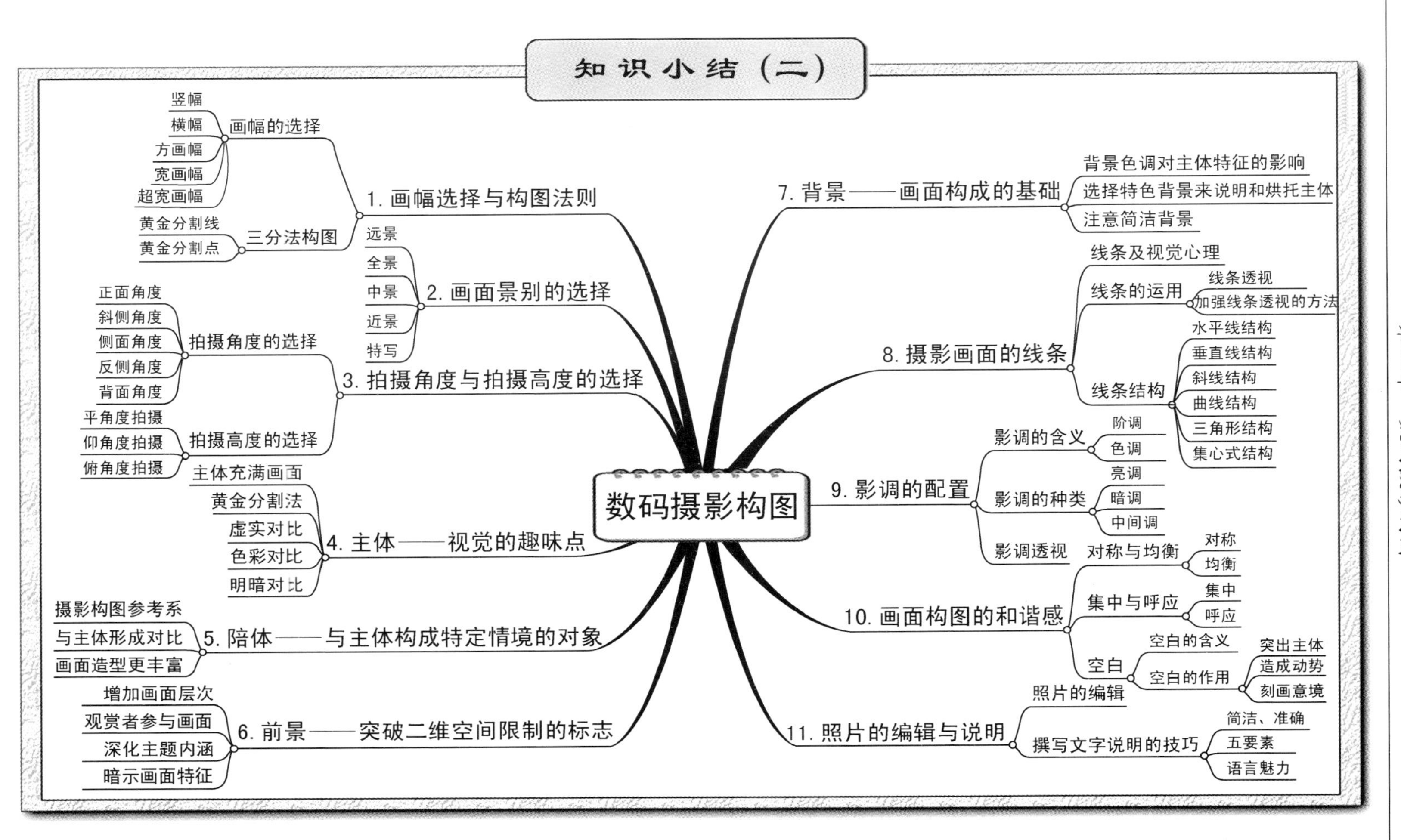

知识小结（二）
数码摄影构图
1. 画幅选择与构图法则
画幅的选择
竖幅
横幅
方画幅
宽画幅
超宽画幅
三分法构图
黄金分割线
黄金分割点
2. 画面景别的选择
远景
全景
中景
近景
特写
3. 拍摄角度与拍摄高度的选择
拍摄角度的选择
正面角度
斜侧角度
侧面角度
反侧角度
背面角度
拍摄高度的选择
平角度拍摄
仰角度拍摄
俯角度拍摄
4. 主体——视觉的趣味点
主体充满画面
黄金分割法
虚实对比
色彩对比
明暗对比
5. 陪体——与主体构成特定情境的对象
摄影构图参考系
与主体形成对比
画面造型更丰富
6. 前景——突破二维空间限制的标志
增加画面层次
观赏者参与画面
深化主题内涵
暗示画面特征
7. 背景——画面构成的基础
背景色调对主体特征的影响
选择特色背景来说明和烘托主体
注意简洁背景
8. 摄影画面的线条
线条及视觉心理
线条的运用
线条透视
加强线条透视的方法
线条结构
水平线结构
垂直线结构
斜线结构
曲线结构
三角形结构
集心式结构
9. 影调的配置
影调的含义
阶调
色调
影调的种类
亮调
暗调
中间调
影调透视
10. 画面构图的和谐感
对称与均衡
对称
均衡
集中与呼应
集中
呼应
空白
空白的含义
空白的作用
突出主体
造成动势
刻画意境
11. 照片的编辑与说明
照片的编辑
撰写文字说明的技巧
简洁、准确
五要素
语言魅力

项目实践

菁 菁 校 园

假如穿越时空的隧道，在 10 年后的班级聚会上回首大学时代，你还能记得操场边那栩栩如生的雕塑、教学楼前那吐露芬芳的花朵吗？你坐过的木椅，你学习的图书馆，你流连的草地，陪伴你奋斗过的灯光……是否在逝水流年中渐淡渐远？是否成为你终生的遗憾呢？如果害怕时光夺走往昔的记忆，就让我们赶紧拿起照相机或手机拍摄下来，留给未来一份珍贵的礼物吧！

朝晖夕阳，春来秋往，校园的四季轮转总与我们的心情相关；书声琅琅，步履匆匆，校园的阴晴变幻总和我们的故事相牵。那流光溢彩的布告栏，那五颜六色的班级展板，那升旗仪式上的飒爽英姿，那清晨路上的嬉闹交谈，那些花草树木、那些亭台楼宇、那些人、那些事……每一个场景都上演着无数的故事，等待我们多年以后去回忆、去讲述。

值得注意的是，以景色为主的照片也要拍出浓浓的人情味，也要有一定的时间、空间顺序。拍摄完成后，把大家的作品集中起来，选出一组大家最喜爱的照片，按一定的次序，用美丽的文字串成一个美丽的故事，上传到班级网站上，也可以使用 Flash 等软件把拍摄的照片，以及与之相配的文字制成一个动画上传。

项目作品赏析

图 2.107 《07 桥》（曹政 摄）

“每当你从这里走过，一定会想起我，2007 级学子……” 2007 级毕业生深情的留言寄托了毕业生对母校的深深情谊。07 桥（见图 2.107）是学生通往世界的桥，也是母校与毕业生之间的心灵之桥。（文_王洪英）

摄影项目习作赏析（见图 2.108、图 2.109）

图 2.108　《我的家》（高迪　摄）

图 2.109　《书香胜花香》（王宁　摄）

数码图像处理实战

修复一张老照片

1．项目实战说明

利用 Photoshop CC 的修复画笔工具和修补工具，修复图 2.110 所示的老照片的划痕，修复后如图 2.111 所示。

图 2.110　修复前的老照片

图 2.111　修复后的老照片

2. 实战步骤

（1）在 Photoshop CC 中打开第二章“项目实践”中的图片素材“老照片”。

（2）在工具箱中选择修复画笔工具，在其选项栏设置选项，如图 2.112 所示。

模式：正常　源：取样　图案：　对齐　样本：当前图层

图 2.112　修复画笔工具选项栏

（3）在如图 2.113 中圆圈所示的位置单击，将该位置的图像定义为图案。在圆圈所示上方有白色斑点的位置单击，进行头发修补。注意：在定义修补的图案时，一般都选择与修补目标图像相同的纹理。用同样的方法进行发际线和其他头发部位的修补。

（4）在工具箱中选择修补工具，在其选项栏中设置修补模式为“正常”，选中“从源修补目标”，不勾选“透明”。在衣服完整的部分拖动鼠标，创建如图 2.114 所示的选区，定义源。将鼠标指针移至选区内，将源拖至选区上方白斑的位置，修补衣服。用上述方法继续修补背景的其他部分。

图 2.113　定义图案位置

图 2.114　创建选区

（5）在工具箱中选择涂抹工具，将其选项栏参数设置为大小为“60 像素”、硬度为“20%”，用涂抹的方法对背景进行平滑处理。

（6）在修复图像时，也常常用到模糊工具、锐化工具、涂抹工具、减淡工具、加深工具、海绵工具等。大家可以针对一张照片，改变工具的各种参数设置，练习一下各个工具的使用效果。

（7）选择菜单中的“文件”→“另存为”命令，保存图像。

思考题

（1）摄影时如何选择画幅？掌握三分法构图。

（2）何谓景别？景别大致分为哪几种？不同景别的应用如何？

（3）摄影时如何选择拍摄角度？

（4）掌握平拍、仰拍、俯拍的作用。

（5）何谓主体？作为主体一般应该具备哪两个基本条件？突出主体的方法有哪些？

（6）何谓陪体？陪体在摄影画面构成中的作用主要表现在哪几个方面？

（7）何谓前景？前景的作用如何？

（8）何谓背景？选择背景需要注意哪些问题？拍摄简洁背景可采用的技巧有哪些？

（9）掌握线条的视觉心理及线条结构。

（10）何谓线条透视？加强线条透视的方法有哪些？

（11）影调有哪两种含义？影调的种类有哪些？何谓影调透视？

（12）掌握对称与均衡、集中与呼应的含义及应用。

（13）何谓空白？空白的含义及作用是什么？

（14）掌握照片的编辑与说明方法。

第三章　光线的运用

✧　概念

1. 直射光　散射光　正面光　侧光　逆光　自然光
2. 光线时刻　剪影　投影

✧　拍摄实践

1. 选择一个比较空旷的环境，如公园、广场中的生活场面，在直射光条件下，变化拍摄位置，以环境背景变化为主，拍摄一组照片。

2. 选择玩偶或者校园内的一座雕塑，在自然光线下，变化拍摄位置，分别采用顺光、侧光、前侧光、逆光、侧逆光等光线进行拍摄，观察照片的光影效果，比较并分析不同光线的造型效果和作用。

本章导读

- 用光有两层含义：一层是利用光线的特性表现出造型效果和渲染情感；另一层是根据拍摄对象或者拍摄意图，选择合适的光线加以表现。用光和曝光是密不可分的，正确曝光是前提，巧妙用光是技术手段。
- “光线是摄影的灵魂”，为了提高数码摄影作品的质量，摄影者必须懂得如何用光，认识光线的基本规律，掌握不同光线的造型功能和表情达意功能，从而主动、巧妙地运用光线为画面增添魅力。
- 摄影即用光线描写。光线的描绘能力，不仅表现在光通过透镜作用于图像传感器而形成影像的技术过程，而且表现在光对画面形象的塑造方面。巧妙地运用光线有无穷的魅力。
- 光是希望，光是生命的源泉。世界因为有了光，才有了赏心悦目的色彩；生活因为有了光，才有了挑战明天的勇气。光也是摄影艺术中最挖掘不尽的“语言”，它能不断为人们带来想象的空间，给人们带来对生活的向往。

第一节　摄影用光的基本要求

德国电影美学家鲁道夫·爱因汉姆说：“由于巧妙地运用光线，可使不端正的容貌变得好看，可使一张脸显得憔悴或丰满、苍老或年轻。室内、室外的风景也是如此……随着光线的变化，一间屋子可以显得温暖而舒服，或是寒冷而简陋；或是大，或是小；或是清洁，或是肮脏。”数码摄影作品的表现力和感染力的强弱与光线的运用是分不开的。

同一被摄物体在不同的光照条件下，会给人不同的感受。在同样的场所中，光线充足，使人感到宽敞、舒适；光线昏暗，使人感到狭小、阴森。在灿烂的阳光下和在清淡的月光下拍摄同样的风景，对人情绪上的影响也是截然不同的。前者使人感到蓬勃的生机，后者则使人感到幽幽的情思。

每种光线都有其独特的表现力。强硬的光线能使画面产生强烈的明暗对比，过渡剧烈，产生较强的视觉效果，使人感受到一股强烈的、刚毅的阳刚之气；柔弱的光线能使画面的明暗对比减弱、过渡细腻，使人感受到恬静的韵味，有一种阴柔之美。

摄影时用光的基本要求包括以下三个方面。

一、能揭示被摄物体的质感、立体感和空间感

要了解各种光线的造型能力和被摄对象的表面特征，运用的光线能最佳揭示被摄物体的质感、立体感和空间感。

自然界的物体都是呈立体状的，都有特殊的形态结构，处在一定的环境中，彼此间存在着前、后、远、近的空间关系。然而，摄影是在二维空间的平面上表现立体物体的。因此，要表现出物体的质感、立体感和空间感，就必须正确运用光线的明暗关系。

质　　感

质感就是人们对物体表面构造性质的视觉感受。质感能给人以真实、生动和亲切的感受。

在客观世界中，物体的“质感”就是构成物体的材料的性质，又称为“质地”。不同的物体由不同的材料构成，会表现出各不相同的物质属性，如木质的、金属的，等等。当我们用手触摸或用眼睛观察一个物体时会体验到质感。在摄影中，我们可以通过被摄体的形状、色彩、明暗结构等特征来识别对象，也可以对被摄体的表面特征做出反应，即我们会感受到它的质感。

1. 质感

光线的方向、强弱、阴影等都会影响质感的表现。质感强的照片能表现物体的特征，使形象栩栩如生。因此，拍摄时用光应考虑能否产生层次丰富的影调，使物体的表面质地可通过质感或肌理效果加以表现。

通常，侧光有利于表现物体的质感，如图 3.1 所示；散射光也有利于表现质感，如图 3.2 所示。

▶ 用侧光拍摄一扇饱经风霜的门板及锈蚀的铁门闩，产生强烈的肌理效果。同时可以看出，近摄有助于刻画物体的表面形状。由于近摄的景深很浅，拍摄时应以铁门闩为调焦点。

图 3.1　侧光拍摄的画面

◀ 将老人置于阴影中以散射光线拍摄，避免在脸部产生浓重的阴影。通过布满皱纹的脸部表现老人饱经沧桑。

图 3.2　皮肤质感

2．立体感和空间感

如果所拍对象是静止的，则应该选择最好的角度以便充分利用光线的造型能力。侧光产生的影像立体感最强，如图 3.3 所示；顺光使影像的细节更为丰富，如图 3.4 所示，但质感差，立体感不强；逆光能产生反差最强的影像，并能提炼画面，产生强烈的形式感，如图 3.5 和图 3.6 所示。

◀ 在下午用侧光拍摄的画面，太阳较低，光线从左侧射向建筑物，因此，使正面和侧面形成强烈的对照，窗框的形状更为明显。虽然照片阴影中的细节有所损失，但景物呈现出一定的深度和立体感。

图 3.3　侧光拍摄的画面

◀ 早晨顺光拍摄的画面，建筑物处于顺光的位置，正面均匀受光。细节清晰，反差小，立体感差，建筑物互相垂直的两个立面差别不明显。

图 3.4　顺光拍摄的画面

▶ 利用逆光拍摄，使鹅卵石和湿滑的石块有着完全不同的质感。

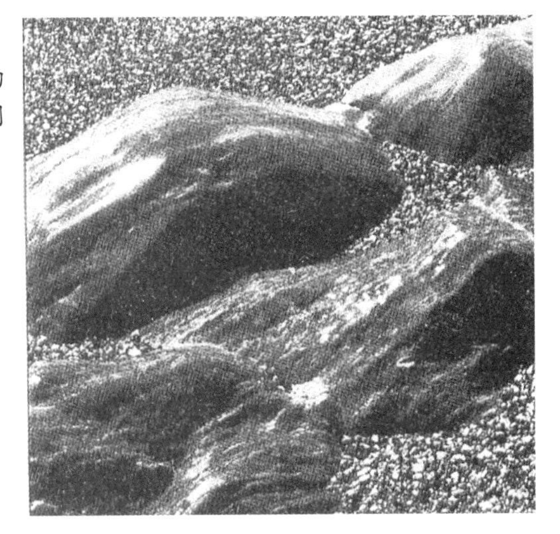

图 3.5　不同质感的组合

▶ 夕阳下用逆光拍摄的教堂废墟，形成了一幅动人的剪影，逆光强调了窗框的优美，但毫无层次和细节可言。

图 3.6　逆光拍摄的画面

二、能反映摄影主题内容和摄影者的思想感情

用光的目的，绝不仅限于简单地再现被摄对象，更重要的是通过用光来塑造最能表现主题内容的画面形象。用光时要注意光的润饰和夸张作用，以使塑造的画面形象能充分反映主题内容和摄影者的思想感情。光的润饰和夸张作用，主要表现在它能根据摄影主题的需要，或强调、突出，或修饰、掩饰被摄对象所具有的某些特征，以引导观赏者的注意。要突出什么或掩饰什么，都是摄影者思想和情感的流露或表达。

光线还能渲染画面气氛，带来意境，强化情感表现，形成优美的视觉空间，如图 3.7 所示。另外，主动而巧妙地运用光线，会使画面表现出无穷的魅力，如图 3.8 至图 3.10 所示。

◀ 逆光的运用，使得叶子的色彩非常生动饱满，为整个画面营造了一种暖色的基调，由此可以使观赏者感受到金秋的美。面对这一金黄色的画面，我们的情感得以升华，心中充满了光明与希望。

图 3.7 《秋风歌》（乔仲林 摄）

◀ 用顺光照明，可以表现石膏像的细节，突出石膏像的光洁；但影像平淡，不利于表现质感，立体感也不强。

图 3.8 顺光拍摄

◀ 用侧光则可以凸显白色石膏像的立体感及表面细节，但背光面阴影中的层次损失很多。

图 3.9　侧面光拍摄

▶ 用逆光拍摄，由于白色石膏像的正面处于阴暗中，表面的细节及洁白的体肤特征被淹没了，却突出了白色石膏像的轮廓特征。

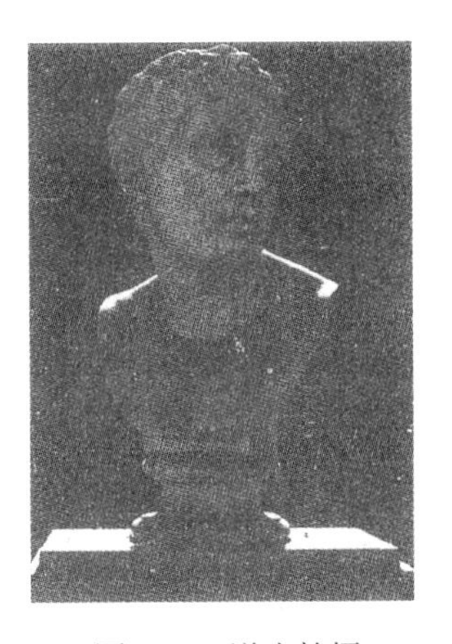

图 3.10　逆光拍摄

三、能增强画面的感染力

光能给人以特定的情绪和心理上的影响，用光时要根据内容的需要，选择或等待或创造最有表现力的光线来增强画面的感染力。如图 3.11 所示，利用高角度穿过树林的逆光光线拍摄，带来梦幻般的效果，增强了画面的空间感，同时也引起人们对光明的美好向往。

图 3.11　《晨之光》（孟祥宇 摄）

第二节　光线的软硬与方向

一、光线的软硬

按照光线的强弱程度，光线可以分为直射光（硬光）、散射光（软光）、反射光。

1．直射光（硬光）

如图 3.12 所示，未经任何遮挡、折射，直接照射在被摄体上的光称为直射光，通常又被称为硬光。晴天的太阳光是直射光，从聚光灯、闪光灯或一盏裸露的灯泡发出的直接照射在被摄体上的光线都是直射光。

直射光的特点：光的照度强，光线方向性明显，照射在被摄体上，易形成清晰的轮廓边缘、明暗反差大的影调及明显的投影，对被摄体的造型和立体效果的塑造力强，也有助于表现质感，塑造形象，产生趣味性强的图案。但是，直射光也会抹淡细节，减少影像的层次。

图 3.13 是在直射光下拍摄的，画面反差强烈，影调明朗，立体感强，能充分表现被摄人物的立体形态，使人物具有鲜明的特点。

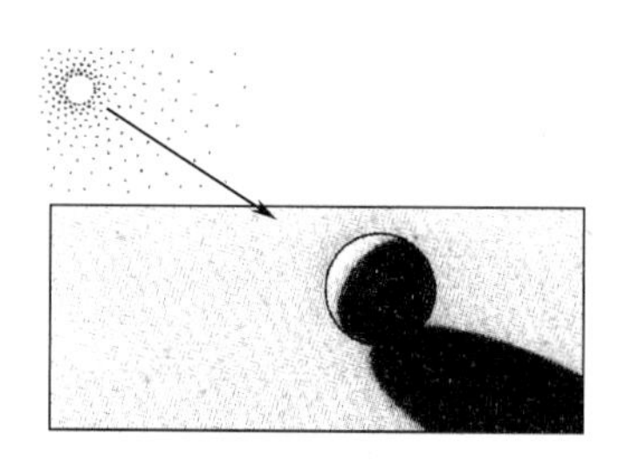

图 3.12　直射光

图 3.13　《吉普赛人》（王朋娇 摄）

知识链接

反　　差

反差是指景物或影像中主要部位的明暗差别。明暗差别大，称为景物或影像的反差大，如图 3.14 所示；反之，称为反差小，如图 3.15 所示。

图 3.14　《穹顶之下》（颜秉刚 摄）

图 3.15　反差小的摄影作品

2．散射光（软光）

光线经由云层或者其他物体遮挡，不直接照射被摄体，只能透过中间介质照射到被摄体上，光就会产生散射作用，这类光线称为散射光，又称为软光。例如，太阳将要出地平线但还未出之前、刚落到地平线以下的短暂瞬间、太阳光被云彩或其他物体遮挡的树荫下、阴天、雨天，以及用反光板反射所获得的光线都是散射光。

散射光的特点：散射光照射在物体上时不会产生明显的投影，光线没有明显的方向性，亮度均匀，物体的明暗反差较小，影调相对比较柔和，物体表面平滑细致，质感细腻，影调层次也比较丰富。

散射光适合于细腻地表现被摄体的细节层次和光洁物体表面的质感，也适合于表现淡雅的景物，但是散射光一般不宜拍摄远景或大场面。如图 3.16 所示，在阴天拍摄的瘦西湖画面，空间感不强，但是很好地表现了烟雨下杭州的静谧。图 3.17 也是阴雨天拍摄的画面，为了淋漓尽致地表现山水秋色，利用画面中前景的小树强化了画面的空间感。

图 3.16 《瘦西湖》（颜秉刚 摄）

图3.17 《九寨山水》（王朋娇 摄）

图3.18和图3.19所示是分别在直射光和散射光照射下拍摄的同一场景，直射光拍摄的景物画面反差大，能产生强烈的阴影；而散射光拍摄的景物画面反差小，能产生微弱的阴影。

图3.18 直射光拍摄的图片

图3.19 散射光拍摄的图片

3. 反射光

反射光是指光源所发出的光线，不是直接照射在被摄体上，而是先对着具有一定反光能力的物体照明，再由反光体的反射光对被摄体进行照明。反射光的照明性质会受到反光体表面质地的影响。

光滑的镜面所反射出的光线具有直射光的性质，而粗糙的反光物体反射出的光线则具有散射光的性质。在平常的摄影创作中，最常用的反光工具是反光板和反光伞。尤其是在影棚摄影时，摄影者经常利用反射光来进行一定的创作。

二、光线的方向

直射光具有明显的方向性，随着光源位置的移动，被摄体会产生不同的受光面、背光面和投影，从而产生不同的造型变化，也会影响到被摄体的质感和形体表现。拍摄时，应根据不同的被摄体选择特定的方向和角度的光线，以便充分利用光线的造型能力。

光线方向指的是光源与被摄对象、拍摄者之间的位置关系。一般在太阳光下拍摄用到的主要有顺光、侧光、逆光三种光线方向。

1. 顺光（正面光）

如图 3.20 所示，光线投射方向与数码照相机或摄像机的拍摄方向相一致的光线称为正面光，又称为顺光。用顺光拍摄人物面部或其他物体时，画面会给人以明朗洁净的感觉，但因光线照射均匀，不宜展示景物或人物的明暗层次和线条，立体感和画面空间感不强，顺光拍摄效果如图 3.21 所示。

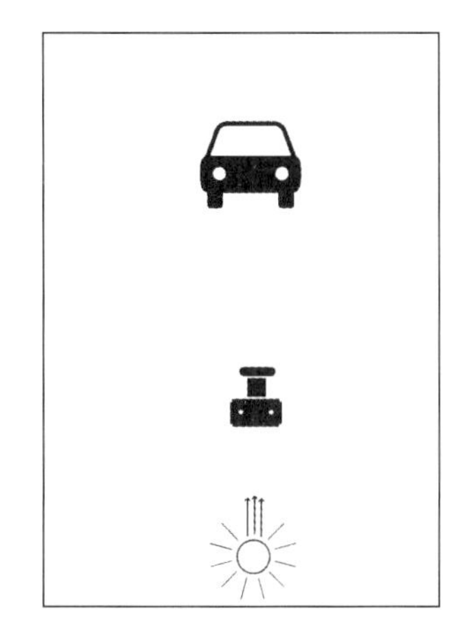

图 3.20 顺光

图 3.21 用顺光拍摄的画面（王朋娇 摄）

友情提示

运用顺光拍摄时应注意的问题

（1）应选择与被摄体颜色、亮度差别较大的景物作为背景，以便在画面上较清晰地显示被摄物体的轮廓，表明它与背景的关系，在一定程度上弥补顺光所造成的缺少明暗变化、画面平淡的不足。

（2）顺光使画面充满均匀的光亮，能逼真地再现物体的色彩，适宜拍摄具有明快、清朗、素雅等特点的高调画面。另外，顺光还可以润饰或减弱粗糙物体表面的凹凸不平，在人像摄影中，常用来拍摄年轻女性和儿童，用以突出她们光洁、细腻、平滑的肤质。

2. 侧光

侧光分为前侧光和正侧光。光线的投射方向与数码照相机或摄像机光轴成 45°角左右的光线为前侧光，如图 3.22 所示；光源位于被摄物体一侧，投射方向与数码照相机光轴成 90°角的光线为正侧光，如图 3.23 所示。

侧光的特点：由于光线和被摄物体形成了一定的角度，所以被摄物体表面有受光面和阴影面的差别，构成了一定的明暗变化，可以形成比较丰富的影调层次，能较好地表现景物的立体感、轮廓感和表面质感，尤其是对粗糙、凹凸不平的物体表面，表现极为突出。

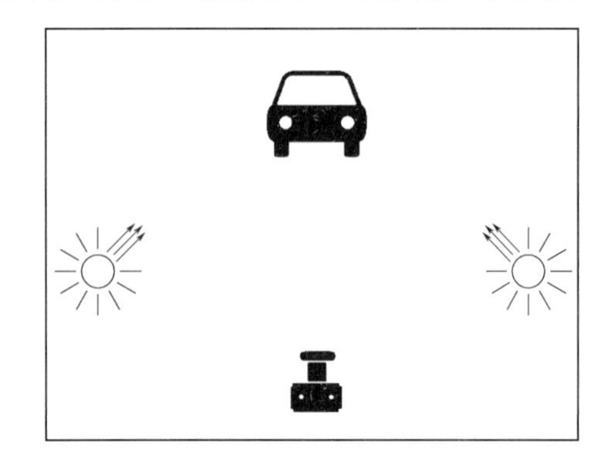

图 3.22　前侧光示意图

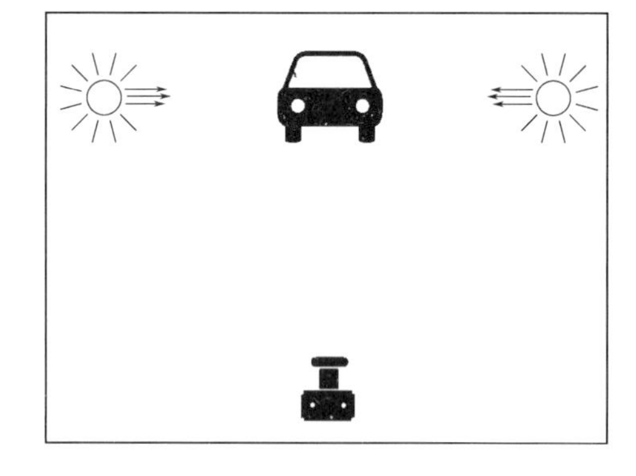

图 3.23　正侧光示意图

图 3.24 《工人》（前侧光示例）

1）前侧光

前侧光是日常运用得最普遍的光线，一般概念上的侧光主要指前侧光。前侧光中用得最多的是高位前侧光。采用高位前侧光照明拍摄人物时，常在人脸的暗部形成一个倒三角形的光区，在人物摄影中，被称为“三角光”照明。前侧光与正侧光相比，所形成的层次更丰富，影调更柔和；与顺光相比，影调更丰富，明暗反差更强烈，如图 3.24 所示。

2）正侧光

在正侧光照明下，被摄体受光面沐浴在光线里，而背光面沉浸在黑暗中，明暗对比强烈。正侧光还使表面结构比较粗糙或凹凸不平的被摄体表面的每一个细微起伏都产生明显的阴影，细致地表现出被摄体的质感特征，因此也被称为“质感照明”。可以采用正侧光突出旧木板脱落的漆、粗糙的岩石和海滩沙粒，还有木纹、织物、皮革、石刻、浮雕等被摄体的质感特征。

运用正侧光拍摄时应注意的问题

（1）正侧光因明暗反差过大，会在被摄体上形成明暗对等的两部分。特别是在拍摄人像时，会出现面部半边黑、半边白的“阴阳脸”现象。为防止出现这种情况，应在暗部增加一些辅助光。

（2）应根据被摄对象的特点或表现内容的需要来选择或控制光线的强度。例如，若被摄体表面粗糙，则用强侧光来表现其质感；若表面光滑，则用柔和的侧光来照明。如果要显示一种粗犷、刚毅的气质，可考虑采用强侧光；要表现一种文静、温和的性格，可采用柔和的侧光，或用辅助光对阴暗部进行补光。

（3）在人像摄影中，侧光多用于男性人像的拍摄，因为“有棱有角”的阴影有利于表现男人的阳刚之气，而不利于表现女性圆润、柔和的线条。

（4）侧光照明形成的影子，是很重要的造型元素，它不但显示了立体空间的意义，在阳光下还有时间的意义，这是通过影子的长短来表示的。同时影子还有造型的意义，如影子的形状、影子的面积、影子的长短，以及影子与物体的夹角会构成丰富多彩的造型效果。

3．逆光

逆光包括侧逆光和正逆光。光线从被摄体的后方投射，方向与数码照相机或摄像机光轴成 135°角左右的光线为侧逆光，如图 3.25 所示；来自被摄体后方的，正对着数码照相机镜头的光线为正逆光，如图 3.26 所示。

图 3.25　侧逆光

图 3.26　正逆光

逆光的特点：逆光能很好地突出被摄体的轮廓。如图 3.27 和图 3.28 所示，表现被摄景物的轮廓线条、空气透视效果和空间深度。因为逆光使被摄体面向数码照相机的一面全部或大部分处在阴影中，当背景较暗时，逆光照明能使背景与被摄体之间产生“亮线”，把被摄体的轮廓勾画出来。如图 3.29 和彩图 8 所示，一些半透明物体，如丝绸、植物的叶子、花瓣等在逆光照射下会产生很好的质感。

◀ 利用傍晚低角度、逆光拍摄的画面。在夕阳下，一对进行跑步锻炼的男女构成了这幅浪漫的剪影作品。绚丽多彩的背景与人物的形态，以及水面的倒影形成了强烈的反差。摄影师按照背景的天空进行测光和曝光，使曝光不足的人物形成剪影。高速快门速度的运用，使人物的奔跑动作得到凝固。

图 3.27　《慢跑》（蒂奥 • 兰尼　摄）

图 3.28 《大美张掖》（王朋娇 摄）

图 3.29 《金银花》（王朋娇 摄）

另外，在逆光照射下，由于受到空气介质的反光影响，景物亮度由近及远，一层层地加强，画面上的景物色调就一层层浅淡下去，充分表现出空气透视的特点，从而使画面的空间感表现得很强烈，有利于理想地表现晨雾暮霭、日出日落等景象。

友情提示

运用逆光拍摄时应注意的问题

（1）逆光拍摄，容易出现“光晕”现象。通常，可以通过加上避光罩或用帽檐等物的投影来遮挡射入镜头的光线后再进行拍摄。另外，有时稍微移动位置或方向，将正逆光变成侧逆光，也可以避免产生“光晕”。

（2）逆光拍摄时，应尽可能选用深色背景。轮廓“亮线”最能表现逆光造型的情趣，而只有以深、暗的景物为背景，被摄体的轮廓“亮线”才能显现得更加明亮、醒目。

（3）逆光拍摄时要注意曝光量必须充分但不能过度。一般应以阴暗部分的亮度为基准进行曝光，若拍摄剪影照片，要以亮部为基准，使主体曝光严重不足。

（4）在选用侧逆光照明时，应注意对其阴影部分加以辅助光照明，使暗部的影调层次和质感得到应有的表现。

拍摄剪影作品的技法

剪影是摄影创作中传统的表现形式，也是最为朴素的摄影技法之一。根据《大英百科全书》记载，剪影艺术起源于法国 18 世纪中叶流行的剪纸工艺和剪影绘画，而剪影摄影则沿用了黑色剪影的艺术形式，并发展和扩大了剪影的概念。

剪影是被摄物体在浅色调背景或强烈光线下失去细节、留下线条和轮廓的一种影像效果，如图 3.30 和图 3.31 所示。

图 3.30 《海边的思绪》（陈虹 摄）

图 3.31 清晨剪影作品

拍摄剪影作品的技法如下。

1．精心选择被摄主体

因为剪影表现的是被摄主体的轮廓，所以被摄主体，无论是风景还是人物都必须有优美的造型轮廓和线条，否则就失去了拍摄剪影的意义。拍摄人像时，一般选取侧面。

2．背景要简洁明快

只有明亮、简洁的背景才能衬托出剪影的轮廓和线条，使主体突出。层次多变的日出、日落、彩云、霞光和波光粼粼的水面等，都可以作为拍摄剪影时的背景。

3．选择最佳光线

清晨和傍晚的太阳角度偏低，光线不太强烈，在逆光的照明下，被摄主体可挡住太阳形成剪影。

4．曝光是关键

曝光要以背景的亮度为准，一定要防止曝光过度。因为一旦曝光过度，画面中的剪影部分就会变得色泽浅淡，缺乏力度。

5．对焦点的选择

在拍摄时，虽然主体不要求细节，但仍然要聚焦在拍摄主体上，以保证主体轮廓的清晰。

剪影拍摄的特点是放弃了主体中间灰的细节层次，使画面亮部和暗部形成强烈的对比，尤其是主体，基本形成全黑的色阶。但剪影摄影在视觉上给人以一种简洁而强烈的视觉感受，尽管主体的细节因曝光不足而损失，但能更好地强调整体环境气氛，有利于突出主题。

第三节　一天中自然光的变化

自然光（太阳光）条件下的被摄体有两种情况：一种是固定的，如建筑物、山河、花草树木等风景；另一种是可动的，如人和某些移动的物体等。要达到某种预期的拍摄效果，前者只能靠等待来获取理想的光线，而后者可以调整被摄对象的方向，来选择最能表现其特点的光线。因此，了解一天中太阳光的变化规律和光线特点是非常必要的。

太阳直射光从早到晚的运动过程使光线产生高低角度的变化，形成平射、斜射、顶射的不同角度，如图 3.32 至图 3.34 所示，分别是在早晨、中午、下午拍摄的同一场景。随着一天中太阳位置的变化，光线的软硬和色温的高低也产生了相应的变化，这些光线作用在被摄体上产生微妙的变化，形成不同的造型效果。了解拍摄场景中的光线、反差与太阳移动位置之间的变化关系，将有助于掌握最好的拍摄时机。

图 3.32　早晨

在典型的、阳光明媚的天气里，根据光线在一天中不同时刻的造型特点，我们将一天分为以下 4 个光线时刻，如图 3.35 所示，即日出和日落时刻、上午和下午时刻、中午时刻、清晨和黄昏时刻。

图 3.33 中午

图 3.34 下午

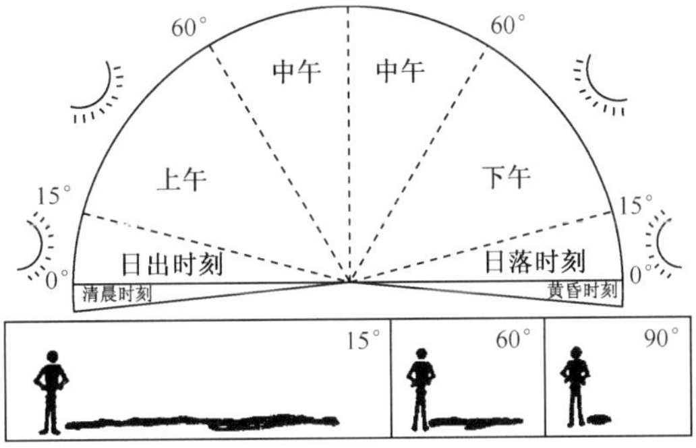

60° 60°
中午 中午
上午 下午
15° 15°
日出时刻 日落时刻
0° 0°
清晨时刻 黄昏时刻
15° 60° 90°

图 3.35 4 个光线时刻

在直射太阳光下拍摄时，日出、清晨、上午、中午、下午、黄昏、日落不同时刻光的照度和强度各不相同。一般来说，上午的 8:30～11:30 和下午的 3:30～4:30 是摄影的黄金时间。在这两个时间段中，太阳与地平线成 15°～60°角，地面景物有足够的亮度，并且阴影部分也有散射光照明，所以受光面和阴影面反差不大，影调较柔和，而且这两个时间段内的光线稳定，亮度变化小，因此，这两个时间段的光线在摄影中被运用得最为广泛。

太阳与地平线成 60°～90°角的这段时间，是顶光照明，这时的太阳光几乎垂直照射在被摄景物上，反射光向上，景物明暗反差增大，不利于物体质感和立体感的表现。

一、日出和日落时刻

当太阳从东方地平线升起到与地面成 15°角之间的时间属于日出时刻；当太阳西落，从与地面成 15°角到降到地平线以下称为日落时刻。日出和日落两个时刻的光线特征基本相似，因此拍摄时技术的运用也相当。

1．画面偏暖色调

一天中这段时间的光线色温比较低，变化比较大，光线中多为橙红色的长波光，色温在 2800～3400K。一些摄影家把早日出和晚日落时刻称为“精彩的照明时刻”，特别是在日出、日落前后的十几分钟里，天空会出现异常美丽的云彩，而在早晚的光线照射下，景物受光面也染上了深红色、橘红色或粉红色，所以在日出、日落瞬间拍摄的照片画面偏暖色调。

如图 3.36 所示，该摄影作品中只留下女人与狗的优美的轮廓曲线，夕阳西下的背景光线与画面主体女人和狗形成强烈对比和视觉反差。色彩构成发生了远近的不同变化，前面主体暗，后面背景亮，使得画面色彩形成由远及近的微妙空间关系。

图 3.36　偏暖色调作品

如图 3.37 所示，太阳穿过云层喷薄而出，海面上的小船形成剪影，暖暖的色调给人们带来一种喜悦的心情。

2．透视效果强烈

在早晚拍摄日出、日落瞬间，是风光摄影的一个永恒主题。早晨的空气潮湿，常常伴有晨雾，景物如同蒙上一层薄纱，光线比较柔和。这时，站在高处远眺或俯视远方，采用逆光拍摄，就可以发现各种景物的透视效果强烈，近浓远淡、近深远浅的效果十分明显，大部分景物周围都被晨雾所笼罩，似乎每个景物的外表都披上一层纱，朦朦胧胧、有藏有露、有虚有实。天空中的云彩也形状各异，在逆光的照射下，有的风姿翩翩，有的轻柔飘洒，有的浓艳，有的淡雅。如图 3.38 所示，运用日出的灿烂辉煌和水面的倒影进行对称性构图，将日出气氛强烈地表达出来，并以树木的静态烘托出太阳跃出的动态。

图 3.37 《日照归帆》（王朋娇 摄）

图 3.38 《晨之辉煌》（仟德强 摄）

日落时分，空气中的尘埃使光线柔化，使景物的清晰度和色彩饱和度都有所下降，产生了轻柔迷离、飘忽不定的朦胧感。

3．利用投影参与画面的构图

日出或日落时刻，阳光照射角度小，景物的投影往往被拉得很长，是利用物体的投影来进行创作的理想时间段，可以利用富有图案美的投影来参与画面的构图，如图 3.39 所示。物体的投影可以间接地反映物体的形状，表现出空间透视，造成近暗远亮、近深远浅的画面效果；还可以通过投影的多少、大小、长短变化来表现一种强烈的时间概念。

此外，投影还具有含蓄、优美、富有寓意的特点，可以使人充满想象，给人留下较大的思考和想象空间。

图 3.39 《光与影》（王朋娇 摄）

拍摄日出或日落，最好在日出、日落的前半个小时到达拍摄现场，以便有充裕的时间选择拍摄地点和角度，充分做好拍摄前的准备。

二、上午和下午时刻

当太阳上升或下降到与地面照射角度呈 15°～60°角时，分别为上午和下午时刻。这两个时间段是太阳光的正常照明时间。照明强度高，光线变化小，照度和色温几乎恒定不变，色温大约在 5600 K，能明显地造成被摄物体的明暗差别。同时，由于地面的反射光和天空的散射光交织而成的柔和的光线起到了辅助光的作用，照亮了景物的阴影部分，不仅使景物细致地呈现出层次，而且柔化了景物的明暗反差。在这些时刻摄影，能使画面影调明快、色彩鲜亮、反差适中、层次丰富，立体感和空间感也能得到较好的表现，如图 3.40 所示。

图 3.40 《大提顿国家公园》（王朋娇 摄）

知识拓展

安塞尔·亚当斯

安塞尔·亚当斯（Ansel Adams，1902 年—1984 年）是美国摄影师，也是美国生态环境保护的一位代表性人物。他曾做过《时代杂志》(《TIME》)的封面人物，还主演了五集电视影集《摄影——锐不可当的艺术》。如图 3.41 所示是亚当斯拍摄于 1942 年的作品。

图 3.41 《堤塘和蛇河》(亚当斯 摄)

三、中午时刻

太阳与地平线呈 60°～90°角的时间称为中午时刻。中午前后，太阳光垂直照射，被摄对象的顶部很亮，阴影极短，加之空气湿度小，景物前后的虚实感不明显，又缺少色彩冷暖度和亮度上的对比，因此，拍摄出的照片景物立体感和空间感很弱。一般不利于表现风景和建筑物的层次和透视感，也不适宜刻画人物。但是，中午时刻如果运用得当，也能拍摄出一些富有表现力的画面，如图 3.42 所示，拍摄时要注意选择色调合适的被摄对象及拍摄角度。

图 3.42 《相随》(任德强 摄)

四、清晨和黄昏时刻

由东方天空发白到日出之前这段时间称为清晨；太阳落山后地面景物依然可见的这段时间称为黄昏。清晨和黄昏，太阳在地平线以下，地面景物由来自天空的散射光照明，景物处于深、暗之中，失去了细部层次，景物往往处于剪影或半剪影的状态。

清晨，太阳出来之前的光线，也给摄影者提供了一个绝佳的拍摄机会。当太阳即将跃出地平线时，天空会出现霞光、彩云，整个拍摄场景呈暖色调，有时可以拍摄出色彩丰富的梦幻般的照片，如图 3.43 所示。

图 3.43 《爱在日落黄昏时》（任德强 摄）

如图 3.44 所示，黄昏中的景物被天空散射光照亮，拍摄出来的彩色照片呈蓝紫色，整个画面效果清新、淡雅。如图 3.45 所示，画面是在黄昏时拍摄的，人物和建筑遥相呼应，画面呈暖色调，由于拍摄角度合适，画面的空间透视感很强。早晨和黄昏的景物色彩层次丰富，充满了一种柔和、朦胧和神秘的美。这种光线和天空的色彩转瞬即逝，应在拍摄前选择好拍摄角度，更好地抓住拍摄机会。

图 3.44 《归航》（王朋娇 摄）

图 3.45 《独钓》（刘艳秋 摄）

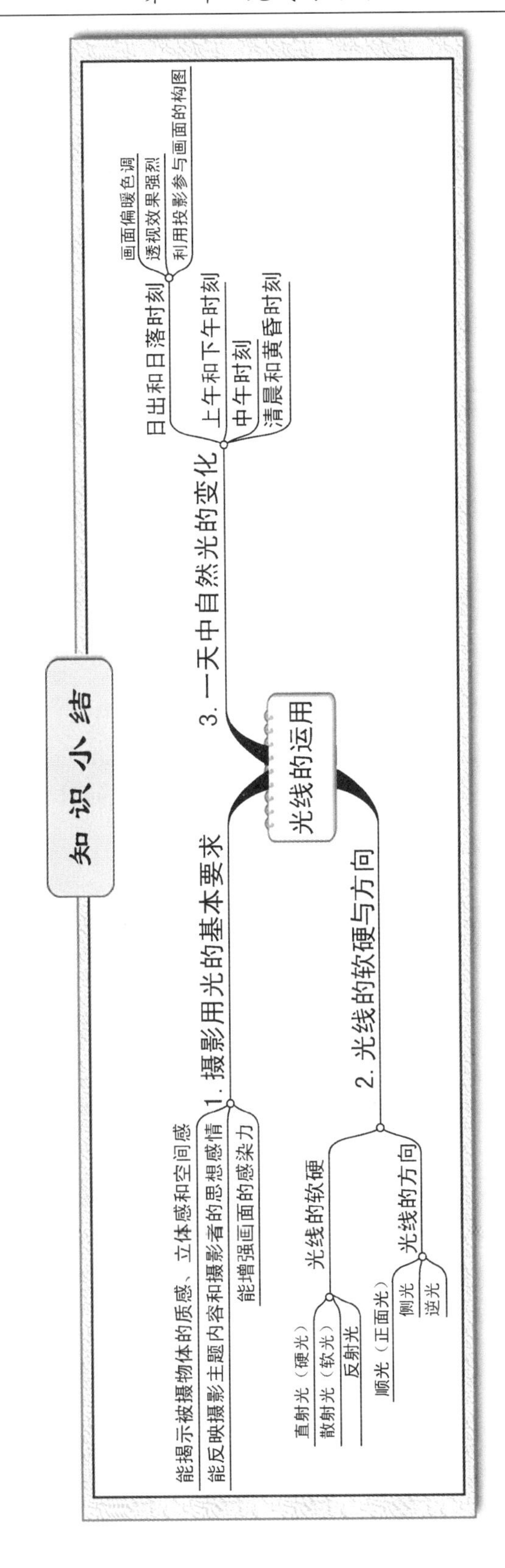

知识小结
光线的运用
1. 摄影用光的基本要求
能揭示被摄物体的质感、立体感和空间感
能反映摄影主题内容和摄影者的思想感情
能增强画面的感染力
2. 光线的软硬与方向
光线的软硬
直射光（硬光）
散射光（软光）
反射光
光线的方向
顺光（正面光）
侧光
逆光
3. 一天中自然光的变化
日出和日落时刻
画面偏暖色调
透视效果强烈
利用投影参与画面的构图
上午和下午时刻
中午时刻
清晨和黄昏时刻

项目实践

难忘的元旦联欢晚会

一年一度的元旦联欢晚会就要开始了，同学们除了有些兴奋，还有更多的期待。请拿起数码相机或手机，一起记录晚会的精彩瞬间吧！

首先，让我们分分工：台上的主角，应该是关注的焦点，由第一组同学轮流负责拍摄。其次，主持人和老师也不能忽视，由第二组同学轮流负责拍摄。当然，台下同学的反应也不能少，由第三组同学密切关注并拍摄。

在这个晚会上，平时不苟言笑的同学说起了相声；上课发言就脸红的同学唱起了抒情歌曲；激情洋溢的现代舞蹈、抑扬顿挫的诗歌朗诵……掌声、笑声汇成了欢乐的海洋。晚会成为展现同学们智慧、才华、热情和个性的大舞台。同学们利用 ACDSee、PowerPoint、Word、Photoshop 等软件，对拍摄的美好瞬间进行加工润色后，上传到学校微信公众号上，让更多的人感受我们的快乐！

项目作品赏析

利用现场环境光影展现活动场面及烘托气氛，并使用闪光灯使主体曝光充分，拍摄的画面主次分明，层次丰富，色彩还原准确（见图 3.46、图 3.47 和图 3.48）。选用高速快门抓拍，抓拍的关键是要注意表演者的亮相动作，预判拍摄的时机，这样才能较好地抓取到同学们表演的精彩瞬间。

（文_王洪英）

图 3.46 《鱼水情·民族风》（王洪英 摄）

摄影项目习作赏析

图 3.47 《超级玛丽》（贾丰 摄）

图 3.48 《唐伯虎点秋香》（王超 摄）

数码图像处理实战

利用快速蒙版制作海市蜃楼

1．项目实战说明

利用 Photoshop CC 中的快速蒙版进行图 3.49“楼阁”和图 3.50“海水”图片的合成，制作海市蜃楼效果，如图 3.51 所示。

2．实战步骤

（1）在 Photoshop CC 软件中打开第三章“项目实战”文件夹中的图片素材“楼阁”，打开其通道调板。单击工具栏中的快速蒙版工具，在通道调板中增加一个快速蒙版通道。

图 3.49　楼阁

图 3.50　海水

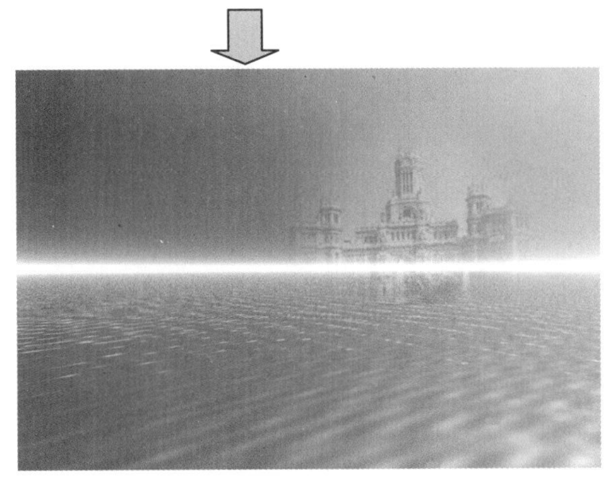

图 3.51　效果图

（2）单击工具栏中的画笔工具，然后打开画笔调板，如图 3.52 所示，设置各项参数，大小为“490 像素”，硬度为“20%”。在楼阁文件窗口中，按住 Ctrl 键将画笔的中心放在图 3.51 白色圆圈所示的位置，连续单击三次，效果如图 3.53 所示。

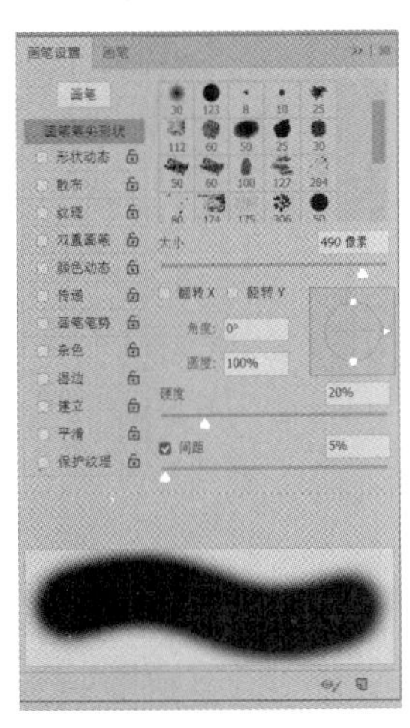

图 3.52　画笔笔形的参数设置

图 3.53　画笔中心的位置

（3）在画笔调板中对画笔选项参数重新设置，大小为“520 像素”，硬度为“20%”，将画笔的中心移至图 3.54 白色圆圈所示的位置，再次连续单击三次，如图 3.54 所示。

（4）单击工具栏中的快速蒙版工具，恢复为标准编辑模式。这时，“楼阁”文件窗口中设置的快速蒙版被转换成一个选区，如图 3.55 所示。

图 3.54　快速蒙版转换成选区

图 3.55　快速蒙版被转换成选区

（5）打开第三章“项目实战”文件夹中的图片素材“湖水”并激活，单击菜单中的“选择”→“反选”命令。然后选择工具栏中的移动工具，将“楼阁”文件窗口中的选区拖至文件“海水”中，并调整大小和位置，如图 3.51 所示。

（6）单击菜单中的“图像”→“调整”→“色相/饱和度”命令，设置参数：色相为“−153”，饱和度为“−14”，明度为“+14”。

（7）在图层调板中，将图层混合模式设置为“柔光”，海市蜃楼效果制作完成。请自主练习，图层混合模式分别设置为正片叠底、叠加、明度等，看看画面不同的变化效果。

（8）单击菜单中的“文件”→“另存为”命令，保存图像。

思考题

（1）摄影用光的基本要求是什么？

（2）按照光线的强弱程度，光线可以分为哪两种？其特点如何？

（3）掌握顺光、侧光、逆光的特点及应用。

（4）掌握一天中自然光的变化。

第四章　摄影色彩基础

翻转课堂

✧　概念

1. 色温　色别　明度　饱和度　三原色　三补色　加色法　减色法

2. 暖调　冷调　基调　对比　和谐

✧　拍摄实践

1. 在自然光、薄云遮日、阴雨天、大雾天、雪天、早晨太阳刚升起不久等光线条件下，采用前侧光照明拍摄近景人像，对比分析不同光线条件下的画面效果。

2. 选择色彩鲜艳的被摄体，以正确曝光、曝光过度一级、曝光过度两级、曝光不足一级、曝光不足两级进行拍摄，对比分析曝光量对画面色彩的影响。

3. 分别拍摄以红色、绿色、蓝色为主的暖调、中间调、冷调的摄影画面。

4. 拍摄具有色彩对比效果的摄影画面。

本章导读

- 摄影者都无法抗拒色彩的诱惑，色彩能够强烈地刺激人的视觉，带来无可比拟的感官冲击力。一幅数码影像作品中，如果色彩运用得当，无疑会引人注目；而一幅数码影像作品中色彩运用成功，更有助于它获得成功。
- 色彩是摄影作品的生命力，可以把色彩作为传达摄影作品信息的首位元素。
- 色彩作为摄影师的造型手段之一，不仅是反映客观世界的符号，而且具有传达信息、情绪和塑造艺术形象的功能。
- 色彩的选择、提炼、组合与配置至关重要。摄影者必须具备色彩构成意识和色彩表现意识。
- 摄影作品的色彩与用光是密切相关的。
- 摄影者对色彩的选择、提炼犹如一位智者对繁杂生活的梳理与参悟。
- 运用科学的色彩理论支持和滋养自己的创作思维，会受益无穷。

第一节　光与色彩

一、光是有颜色的

白光通过三棱镜时，会按照光波的长短排列成红、橙、黄、绿、青、蓝、紫 7 色光谱。各种单色光都有它特定的波长，表现出不同的颜色。400～760nm 波长范围的光称为可见光。在日光光谱里，人眼能分辨的颜色为 150 种，而最易区别的颜色只有 7 种。加上光谱上不存在的品红色等，还约有 30 种颜色。所以，人眼能分辨出的颜色大约有 180 种。

色温，即指光源中所含的光谱成分，而光谱成分主要是看光源中短波光线与长波光线的比例。如果光谱成分中的短波光线所占比例增大，长波光线所占比例减少，色温就升高。色温越高，光就越带蓝色。反之，光谱成分中的长波光线所占比例增加，短波光线所占比例减少，色温就越低。色温越低，光就越带红色。色温的计量单位是 K（开尔文）。常见自然光线的色温参见表 4.1。

表 4.1　常见自然光线的色温表

日光的色温		天空的色温	
日出、日落时	1850 K	薄云遮日天	6400～6900 K
日出后、日落前 1 h	3500 K	厚云遮日天	7000～7500 K
日出后、日落前 2 h	4400～4600 K	雨雪天	7500～8400 K
中午日光	5300～5500 K	蔚蓝天	10 000～20 000 K

光源不同，色温不同。色温不同，对于我们正确地辨别物体的颜色有很大的影响。日光的色温一般是 5500 K 左右，而灯光的色温只有 3200 K。在日光与灯光下，物体会呈现出不同的色彩。黄昏时，日光光线的色温偏低，所拍摄的照片偏红；阴天时，色温偏高，拍出的照片整体偏蓝。放大黑白照片时，在红光下看黑色部位的黑度大一些，而拿到日光下看才正常，就是这个道理，因此有“灯下不观色”之说。

二、物体的色彩

色彩的产生，是由于物体的表面对光线具有不同程度的吸收与反射，反射不同波长的光波是对人眼视网膜感色单元和大脑发生作用的结果。光是色彩产生的物理基础，人眼视网膜中的锥体细胞是色觉产生的生理基础。在人眼视网膜中有三种不同的锥体细胞，它们分别含有 3 种不同的感色单元：对 610～700 nm 的红光感觉灵敏，称为感红单元；对 505～570 nm 的绿光感觉灵敏，称为感绿单元；对 450～490 nm 的蓝光感觉灵敏，称为感蓝单元。物体反射的光线不同，人眼就会看到不同的色彩，如图 4.1 所示。

▶ 成熟的苹果吸收大部分绿光和蓝光，所以反射为红光。红光刺激视网膜上的感红单元，于是人就感觉到苹果是红色的。

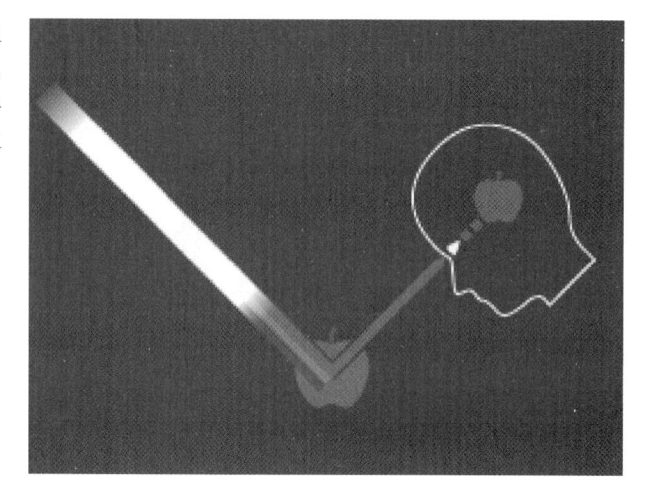

图 4.1　色彩的产生

三、光源色成分对物体色彩的影响

对同一物体，在不同光源照射下，人眼看到的颜色也会不同，如图 4.2 所示。

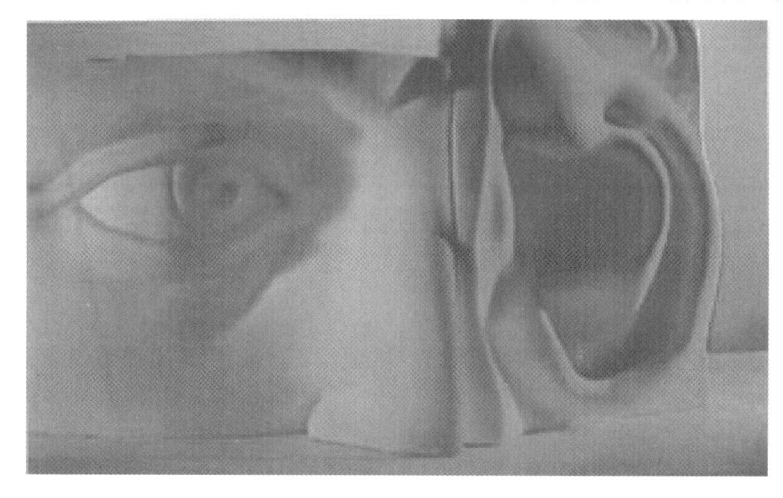

▶ 被摄物体是一个石膏模型，原来是白色的，背景也是白色的。由于采用了有颜色的光线照明，被摄体完全改变了它的固有色：耳朵变成红色，眼睛变成蓝色，背景变成绿色。

图 4.2　光源色成分对物体色彩的影响

知识链接

光源色　消色　固有色　极色

（1）光源色：指光源的色彩。它往往反映在被摄物体受光的亮面，影响亮面色彩的变化。

（2）消色：消色是没有色彩的彩色，通常指黑、白、灰三色。一般把它们称为消色物体。

（3）固有色：指白光下物体的颜色。光源色可以改变物体固有色的色彩。

（4）极色：极色是特殊材质物体色，通常具有反光能力强的特点。主要指金色、银色等特殊颜色。

四、环境色对物体颜色的影响

物体都处在一定的环境之中，周围环境的色彩有时也会影响到被摄物体的色彩变化，如图 4.3 所示，因为背景的绿色植物反射的绿光较多，所以熊猫部分身体的色彩偏绿。

图 4.3　《憨态可掬》（王朋娇　摄）

第二节　色彩的三属性

一、色别

色别也称为色相，指色与色的区别，是各种色彩的名称和相貌。如图 4.4 所示，在色相环中，红、橙、黄、绿、蓝、紫等，便是不同的色别。色别的命名方式一般是以生活中易见的自然物加入其所代表的色彩范围来命名的，例如，玫瑰红、酒红、土黄、天蓝等。

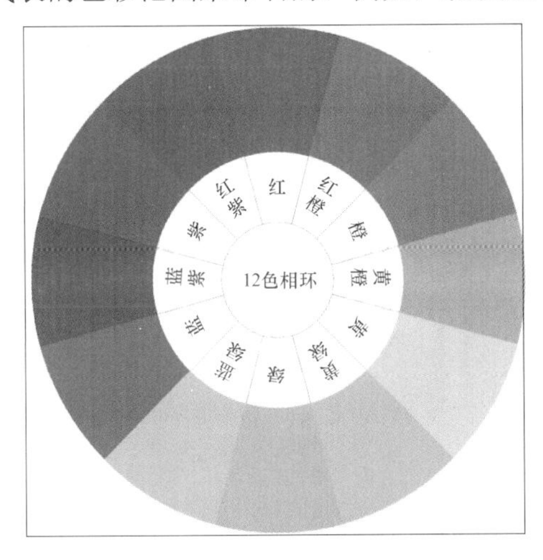

图 4.4　色相环

二、明度

明度是指颜色的明暗、深浅程度，通常用反光率表示明度大小。对于不发光物体来说，彩色物体表面反光率越高，人眼感觉越明亮。照片上的彩色影像能显示出物体表面色彩明亮的变化，就有了立体感和节奏感。图 4.5 所示为有彩色系明度色标，图 4.6 所示为无彩色系明度色标。

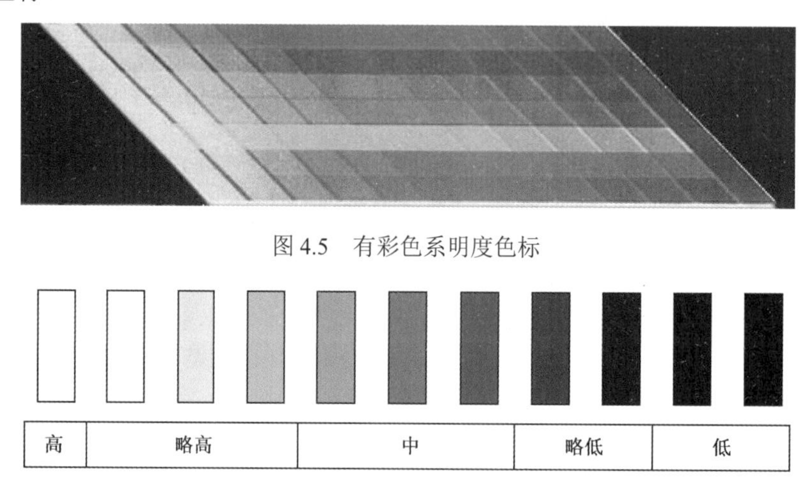

图 4.5　有彩色系明度色标

图 4.6　无彩色系明度色标

在拍摄高调或低调彩色照片时需要恰当地运用色彩。色彩的明度应与画面内容的主题思想相统一。对于喜悦轻松、生机盎然、清新明朗等主题，其色彩的明度应该高一些；而对于严肃、紧张、神秘的主题，其色彩的明度应该低一些。

三、饱和度

饱和度是指色彩的纯度，即色彩的鲜艳程度，它取决于某种颜色中包含彩色成分与消色成分的比例。包含彩色成分越多，饱和度就越高；包含消色成分越多，饱和度就越低。可见光谱中的各种单色光显得特别艳丽，是最饱和的色彩。如图 4.7 的饱和度图例所示，该图例是用不同曝光量拍摄的同一物体的六幅图像。摄影时，对被摄体的色彩来说，只有在曝光正确时，色彩的饱和度才最高；曝光过度或不足，色彩的饱和度均会下降。

图 4.7　饱和度图例

第三节　加色法与减色法

一、三原色

三原色是指红（R）、绿（G）、蓝（B），又称 RGB 颜色，是组成一切色光的基本色光。自然界中一切能够看得到的色彩都是由三原色光组成的。这里的三原色与绘画上的三原色不同，摄影中的三原色指的是色光三原色，绘画染料上的三原色是红、黄、蓝。

二、三补色

三补色是指青（C）、品红（M）、黄（Y）。任何两种原色光混合，产生二次色。两种色光混合在一起产生白光时，这两种色光称为互补，它们各自成为对方的补色。互为补色的规律是：红与青互补，绿与品红互补，蓝与黄互补。

三、加色法

指用红、绿、蓝三原色光按不同比例相加而取得其他色彩的一种方法，如图 4.8 所示。

四、减色法

指用青、品红、黄三种补色重叠起来合成色彩的一种方法，如图 4.9 所示。通俗地说，每一种颜色都是从白光中减去与它互成补色的颜色而得到的。

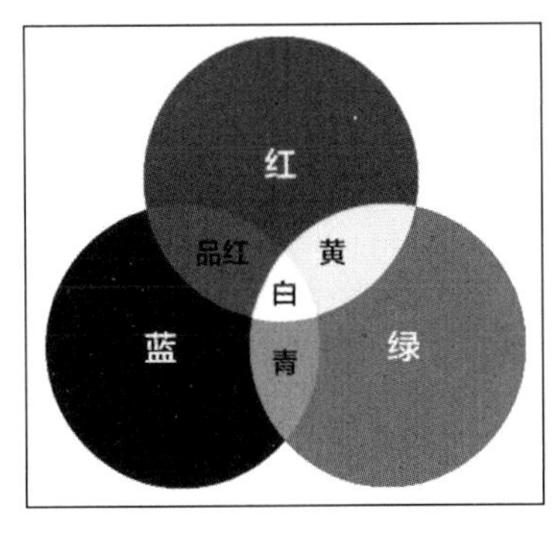

图 4.8　加色法

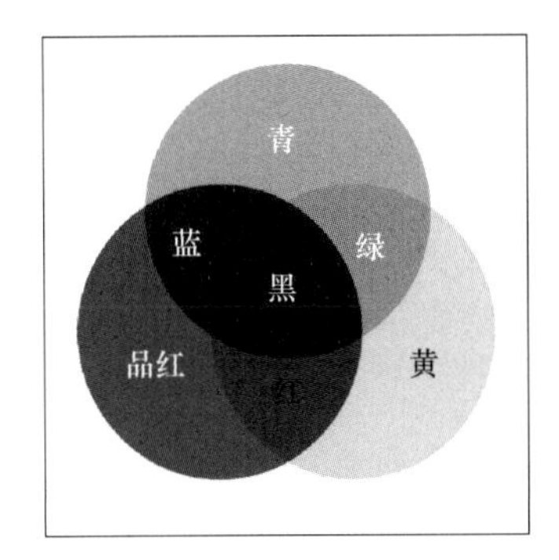

图 4.9　减色法

第四节　色彩与情感

人对色彩感觉所引起的情感变化和对客观事物的种种联想称为色彩的感情。人对色彩的反应和由此唤起的各种感情的缘由可以从生理、心理及文化等方面进行探讨。色彩的感情不是主观臆断的产物，而是人们在长期的生产实践和社会实践中形成的。

一、不同的色彩使人产生不同的官能感觉

不同的色彩，能使人产生不同的感觉。例如，以红橙黄为代表的暖色调，使人感到热烈、兴奋；以蓝青为代表的冷色调，使人感到优雅、宁静。又如，明快的色彩使人感到清新、愉快；灰暗的色彩使人感到忧郁、沉闷。

生理上的反应，必然会带来心理上的影响。凡是刺眼、杂乱的色彩，都会使人感到不安和难受；凡是悦目、协调的色彩，都会使人感到平静和舒服。但是，单纯的色彩能给人以生理反应和心理影响，却不能引起人感情上的共鸣。例如，单纯的红色使人联想起火、太阳等。但是，一个大红灯笼不仅令人产生官能美感和心理上的愉悦，而且会发展成为感情上的喜爱。

二、色彩的感情来自生活

色彩的象征性，都反映了人们对生活与联想所形成的色彩的感情。但这些联想并不是绝对的，它还会受当时环境和各自民族对不同色彩喜好的影响。

1．红色

红色使人联想到冉冉升起的红日和熊熊燃烧的火焰，让人感觉热烈温暖，象征胜利，表达喜气。中国人在新年有派“红包”的习俗，因为红色象征活力、愉快、好运、吉祥、幸福等。

2．绿色

绿色使人联想到绿色的田野，春回大地、万物复苏、草色青青、嫩叶满枝，使人心旷神怡。绿色显示出青春的朝气和旺盛的生命力，给人以希望，也是生命的象征。

3．黄色

黄色使人联想到秋天田野里那金黄色的稻穗，是丰收的象征。黄色给人以富丽堂皇的感觉，显得轻快、明朗。初升的太阳，放射着淡黄色的光芒，赶走了黑夜，照亮了大地。于是，黄色又是光明的象征。

4．蓝色

蓝色使人联想到蔚蓝的天空，高深莫测的大海，人们把蓝色当做崇高、永恒的象征。暗蓝色的月夜、淡蓝色的湖水，使人感到清新、宁静，有凉爽之感。冰山雪地泛出的青蓝色，又给人以寒冷的感觉。因此，蓝色是恬静和清凉的象征。

5．橙色

橙色的名字取自水果，橙，给人以亲切、光明、兴奋、甜蜜、快乐、运动和青春的感觉。同时，橙色也能引起食欲，快餐店常以橙色作为装修、装饰的基准色。

6．白色

白色使人联想到明净、素雅，象征着纯洁和坦率。

7. 黑色

黑色使人联想到黑夜、神秘、恐怖和寂寞，它使人产生庄重、严肃的感觉。

三、色彩的感情具有可变性

1. 随地域而变

根据地域的差别，民俗风情的不同，人们对色彩所持的态度也就不同。例如，同样是红色与绿色相配，四川民间认为“丑得哭”，而在湖北民间则有“看不足”的说法。

2. 随民族而变

各民族都有自己的风俗和生活习惯，因此，对自然色彩的感情也不一致。在我国，通常认为黄色是高贵的象征，而在古代欧洲黄色却是叛逆的象征，如文艺复兴初期，乔托的代表作《基督与犹大之吻》中，给出卖耶稣的叛徒犹大穿黄色袍子，以示其叛逆。

3. 因人而异

人与人相比，在素质、修养、性格、爱好、习惯、经历和境遇等方面都是不同的，因此人们对同一物体的色彩感觉所引起的情绪变化和联想往往大相径庭。例如，同是观赏秋天的红叶，每个人的感受却不同。有人赞美它，认为“霜叶红于二月花”；有人用“醉”字来形容它，惊呼“晓来谁染霜林醉”。

总之，人们对色彩的感情、联想都是以生活为基础的，而不是绝对静止的、凝固不变的。同时，也不是任何颜色都具有某些象征性，都能引发人们的感情和联想。因此，在色彩的运用和处理上，只有符合人们的生活逻辑和欣赏习惯时，才能引起观赏者的共鸣。

第五节　色彩的特性

一、色彩的冷暖

在现实生活中，太阳和火能给人以温暖的感觉；而树荫、月光、黑夜等则给人以凉爽的感觉，久而久之，色彩就有了冷暖之分。

红色、橙红色、黄色、橙黄色等，可以使人联想到火焰、阳光、火光灼热的金属等，让人感到温暖、喜悦、充满活力等，所以称为“暖色”。一般暖色容易使人兴奋、激动，让人感觉热烈、积极、亲近与热情。

蓝色、青色、蓝青色等，能使人联想到月光、大海、流水、碧空、雪野、严冬，让人们感到寒冷、凉爽，所以称为“冷色”。冷色容易使人收缩、平静，让人感到寒冷、严峻、冷静与深远。

绿色、紫色与上述暖色、冷色相比，很难判断出它的冷暖，因此称为“中性色”。

但是，宇宙万物的色彩关系往往是复合的，并非单纯以红、黄、蓝、紫等色彩组成。因此，凡是以红、橙、黄或主要以红、橙、黄构成的画面，都可以称为暖调画面，如图 4.10 所示。凡是以蓝、青或主要以蓝、青构成的画面，都可以称为冷调画面，如图 4.11 所示。

▶ 红、黄相间的色彩，使这幅暖调作品呈现出热烈、活跃的气氛，增加了它的艺术感染力。一般暖色容易使人兴奋、激动，让人感觉热烈、积极、浓密、亲近与热情。

图 4.10　暖调画面

▶ 蓝色的湖水，赋予这幅作品冷调的性质。一般来讲，冷色容易使人收缩、平静，让人感到寒冷、严峻、冷静与深远。

图 4.11　《蓝蓝的湖水》（王朋娇　摄）

二、色彩的动静

（1）色彩的动静与色彩的冷暖有着直接的关系。暖色给人以运动、跳跃和兴奋的感觉，冷色给人以沉静、安宁的感觉。色彩的明度越高，该特性就越明显；色彩的明度越低，该特性就越弱。在表现欢腾热闹的场面与恬静安适的景色时，可分别选用如图 4.12 所示的暖色、如图 4.13 所示的冷色，这正是与色彩的动静特性分不开的。

图 4.12　《大连服装节小记》（盖永盛　摄）

图 4.13 《海之韵》（李冠宇 摄）

（2）在色环中，色别之间有的转化急速，有的转化则表现为渐变的、柔和的过渡，形成旋律的起伏和节奏的变化，它同样可以给人以运动的感受。

（3）在同一幅画面中，当不同面积的相同色块反复出现时，在形状的协同作用下，将会产生由小色块到大色块，或由大色块到小色块的运动感，如图 4.14 所示。例如，在草原上，冷暖渐次变化的绿色，可以把观者的视线引向天边，造成纵深的运动感。

图 4.14 色块的运动感

三、色彩的胀缩

如图 4.15 所示，有黑白两个面积完全相等的圆形色块，把白圆形色块放在黑色背景上，黑色圆形色块放在白色背景上，人们观察比较的结果，总觉得白色圆形色块面积比黑色圆形色块面积大，这便是色彩膨胀与收缩特性的具体表现。

如图 4.16 所示，同样大小和形状的色彩，看上去会有大小不同的感觉。看起来比实际大的颜色称为膨胀色，看起来比实际小的颜色称为收缩色。

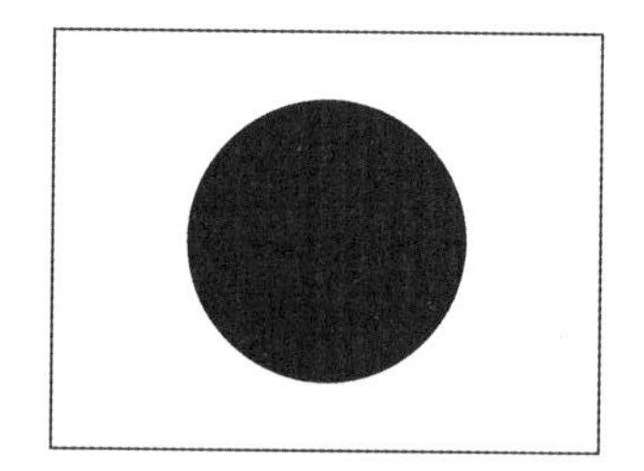

图 4.15　色彩的胀缩特性

▶ 如果在黑色背景前同时安排黄色和青色，则黄色会使人觉得好像要外溢到黑色中去，而青色却使人感到好像要被黑色所包围。

色彩的这种胀缩特性，就是由人的生理因素，即视觉迷误所决定的。

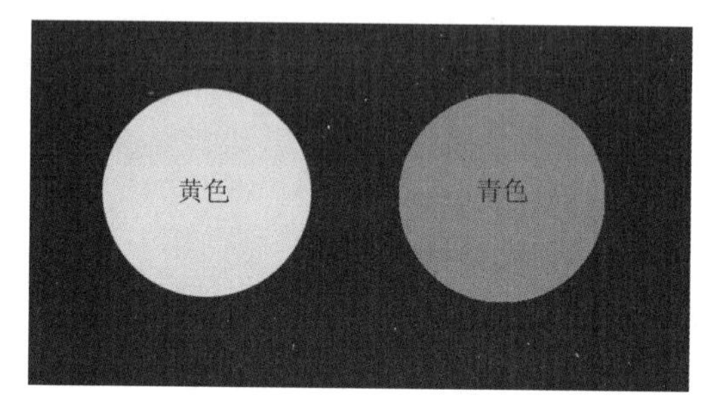

图 4.16　色彩的胀缩特性

色彩的膨胀与收缩，主要与色彩本身的明暗度及冷暖有关。明度高的暖色给人以向外散射和膨胀的感觉，明度低的冷色给人以向内收缩的感觉。一般来说，暖色比冷色显得大，明亮的颜色比深暗的颜色显得大，周围明亮的时候，中间的颜色显得小。

从膨胀色到收缩色的顺序为：白、黄、红、绿、紫、蓝、黑。

四、色彩的进退

如图 4.17 所示，色彩不同，在观察的时候会有不同的距离感。色彩的进退是指在同等远近距离上红、橙、黄等暖色看上去比蓝、青等冷色显得近，在视觉上构成远近有别的幻觉。不同的色光有不同的波长，凡是波长长的色光，如红、橙色光，给人的视觉神经的刺激较强，有向前突出的特性，所以称这类颜色为“前进色”。凡是波长短的色光，如蓝、绿色光，给人的视觉神经的刺激较弱，有向后退避的特性，所以称这类颜色为“后退色”。

在画面的色彩布局中，我们可以利用色彩的进退特性来表现空间纵深感和立体感，也可以利用它来强调主体形象。如图 4.17 所示，把同样的黄色色块分别放在白色、灰色和黑色的背景上，远距离观看，会发觉色块有前有后，在白色背景上的黄色色块，好像是在最后面，而在灰色和黑色背景上的黄色色块，就变成了在最前面，即在视觉上产生远近有别的幻觉。所以色彩的进退是在色彩的相对关系中进行判断的。

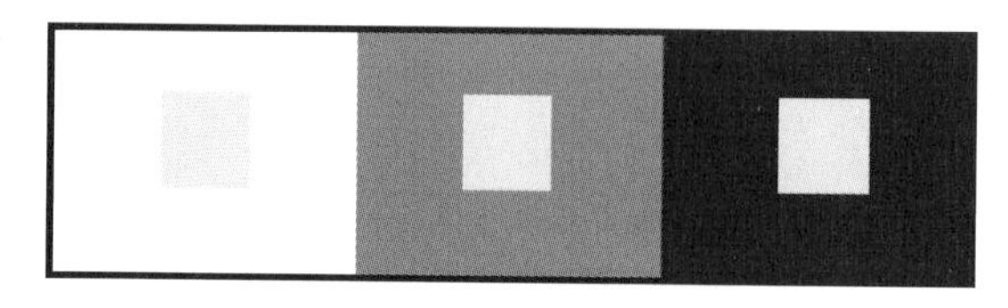

图 4.17　色彩的进退

五、色彩的轻重

色彩的轻重感是指同样的物体会因色彩的不同而有轻重的差别感。色彩的轻重感主要由明度决定。越明亮的色彩，越轻；越暗的色彩，越重。如图 4.18 所示，吊车及煤的颜色非常饱满，拍摄得到的画面是重彩效果。如图 4.19 所示，整个画面给人以轻快的感觉，拍摄得到的画面是轻彩效果。

图 4.18 《铁龙闹矿海》（施盟 摄）

图 4.19 《相宜之美》（王朋娇 摄）

色彩的轻重特性是均衡配置画面色块并取得构图稳定感的因素之一。在安排画面色彩结构时，大面积的“轻色”可以与小面积的“重色”取得均衡，也可以使局部色调之间在重量感上形成稳定的对比。可用轻重色的对比突出主体，如在大面积的空间中用小块的重色求得视觉效果的均衡；用重色衬托轻色，或用轻色衬托重色，以求主体的突出。

六、色彩的味觉感

色彩具有味觉感，这大都与人们对食物的色彩经验有关。如图 4.20 所示，黄色的麦穗使人联想到刚烘焙出炉的糕点，散发着诱人的香味。

图 4.20 《稻梦空间》（王朋娇 摄）

七、色彩的音乐感

牛顿发现了光的粒子性后，人们试图找出音阶中七个音符与七种颜色的联系。强烈的色彩，如亮黄色、鲜红色，带有高亢的音乐感；而暗浊的色彩，如深蓝色、深灰色等，便有低沉、浑厚的音乐感。色彩明度的高低与声音的高低相关，也容易被人们感受到。色彩的强弱、明暗、冷暖感觉都能体现出节奏性。如图 4.21 所示，画面色彩的音乐节奏感很强。

图 4.21 《圣境》（任德强 摄）

对色彩语言的运用，必须服从主题思想的需要，不能把上述的色彩语言当成概念化的教条来使用。对具体情况还要进行具体分析，不能僵化色彩语言，更不能脱离生活和思想内容单纯研究、追求色彩的形式感，使人无法理解。

第六节 色彩的配置

一、色彩的基调

色彩的基调即主调，是指构成绘画或影视片画面的总的色彩倾向。画面的基调不仅指单一色的效果，还指色与色的关系中所体现的总体特征。色彩的基调从色别上分，有红色调、黄色调、蓝色调等；从明度上分，有亮色调、暗色调、中间调；从色性上分，有暖色调、冷色调、中性色调等。如图 4.22 所示，以大面积红色为基调，与运动员服装的蓝色形成对比，从而使这幅作品显得简洁而生动。

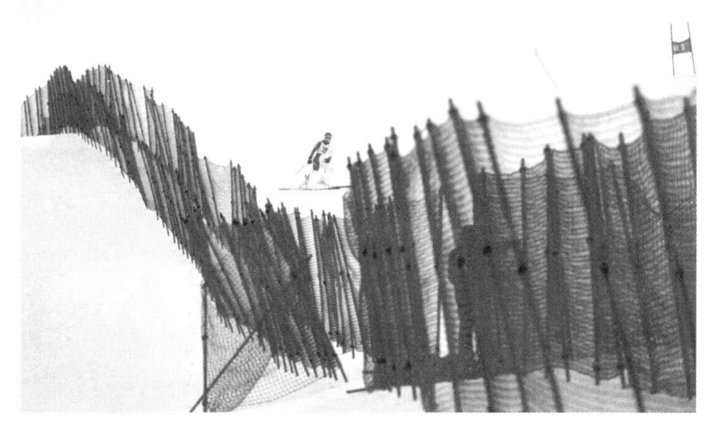

图 4.22 《雪中花》（费茂华 摄）

在创作彩色摄影作品时，必须根据主题思想的需要来确定色彩的主调，即选择和利用面积最大的色块，让它居于画面的主要位置，借以表达一定的情绪、意境和环境气氛，使情与景统一，并用色彩的强烈感染力，给人以震撼的感觉，如图 4.23 所示。

▶ 生命不仅体现在红红火火的生命力上，还体现在如露珠般的清澈透明上，欲动则动，欲静则静，人生应如露珠与红叶般完美搭配，方显生命的两重含义。

图 4.23 《生命恋歌》（汪敏 摄）

二、色彩的对比

当不同的色彩，如红与蓝、黄与蓝、橙与蓝、绿与品红等搭配在一起时，具有强烈的对比效果，能给观赏者很强的色彩刺激。在画面的构成中，利用色彩对比，如图 4.24 所示，是加强主体表现的重要手段。

▶ 这是利用长镜头从农村集市上若干人物中摄取的一个特写画面，妇女头巾的红、绿、蓝颜色恰是摄影的三原色，利用此三原色形成鲜明的对比，突出了农村地区妇女的精神面貌。

图 4.24 《三原色》（李强 摄）

1. 冷暖色对比

例如，红色与青色的对比，会让人感到有较强的冷暖差别；黄色与蓝色的对比，会让人感到透明、清澈。如图 4.25 所示，山体的棕红色与天空的蓝色形成鲜明的冷暖色对比。

图 4.25 冷暖色对比（王朋娇 摄）

2. 互补色对比

互补色红和青、黄和蓝、绿和品红，它们之间的视觉对比能给观者一种强烈的色彩跳动感。如图 4.26 所示，一顶夏克尔风情的草帽挂在快乐山夏克尔村的一堵墙上，地面的黄色与上方的蓝色属于互补色，画面通过色彩的对比，达到了很好的视觉效果。

图 4.26 《快乐山》(萨姆·埃尔 摄)

3．明度对比

如图 4.27 所示，色彩的鲜明性更多地取决于明度，而不是色相。色彩的明度对比，可以形成节奏变化，使画面不至于暗淡，是构成画面色调生动、多样的重要因素。

图 4.27 明度对比 （王慧 摄）

4．饱和度对比

饱和度对比也就是纯度对比。色彩浓，饱和度高；色彩淡，饱和度低。如果色别相同，只要纯度有差别，就能起到对比效果。

三、色彩的和谐

1．同类色和谐

同一种颜色明暗不同的色彩称为同类色，如淡绿、绿、深绿等。凡是同类色配合，就比较和谐。同种颜色之间的微妙差别形成柔和的色调层次，形成流畅的色调过渡和视觉节奏。

2. 类似色和谐

含有同一种色光成分的色彩，称为类似色，如红、红橙、橙、黄橙之中都含有红色，即为类似色。凡是类似色配置在一起，一般能得到和谐的效果。如图 4.28 所示，镏金铜鼎的局部中，统一的红、黄色调，突出了金属的质感。高光的金属纹样，在暗红色背景衬托下，显得格外精致；而红、橙、黄色调的配置，使画面给人以一种和谐的感觉。

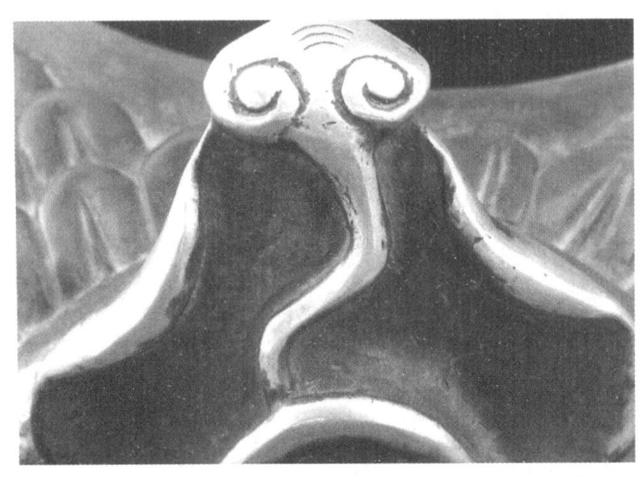

图 4.28　类似色和谐

又如图 4.29 所示，黄绿、纯绿的叶子等为类似色，再加上蓝色的背景，更显得和谐统一，虚化的花朵作为前景将观赏者带入画面中，令人赏心悦目。

图 4.29 《浓翠淡粉总相宜》（王朋娇 摄）

3. 低饱和度和谐

属于对比性质的色彩，饱和度降低后，色彩的对比特征也会削弱，而趋向和谐。如图 4.30 所示，蓝色的披肩和黄色的长裙本来属于对比色的性质，可是在该画面中蓝色和黄色的饱和度都很低，不再具有对比的色彩特性，而转为和谐。

图 4.30 低饱和度和谐

4．消色和谐

消色在色彩配置上有积极的作用，它与任何色彩配置在一起，都显得和谐、协调，它可利用自身的对比而使彩色的色彩特征表现得更加鲜明，能收到令人满意的色彩效果。图 4.31 所示即为消色和谐的画面。

图 4.31 秋之美（王朋娇 摄）

人们对色彩和谐的要求，实际上就是对色彩的多样统一的要求。但是，色彩的和谐并非仅指色与色之间的类似、接近，还指差别与对比。

四、色彩的布局

画面的色彩布局，应满足人眼对色觉平衡的要求。色彩的繁简应该得当，该繁则繁，该简则简，应注意繁简的衬托关系。做到繁而不乱，色彩丰富而统一；简单而不单调，色彩素雅而有变化。色彩的布局要避免等量安排，只要布局得体，少也能胜多，小也能胜大。关键在于画面上哪一部分色彩最引人注目，这一部分往往就是主体所在。

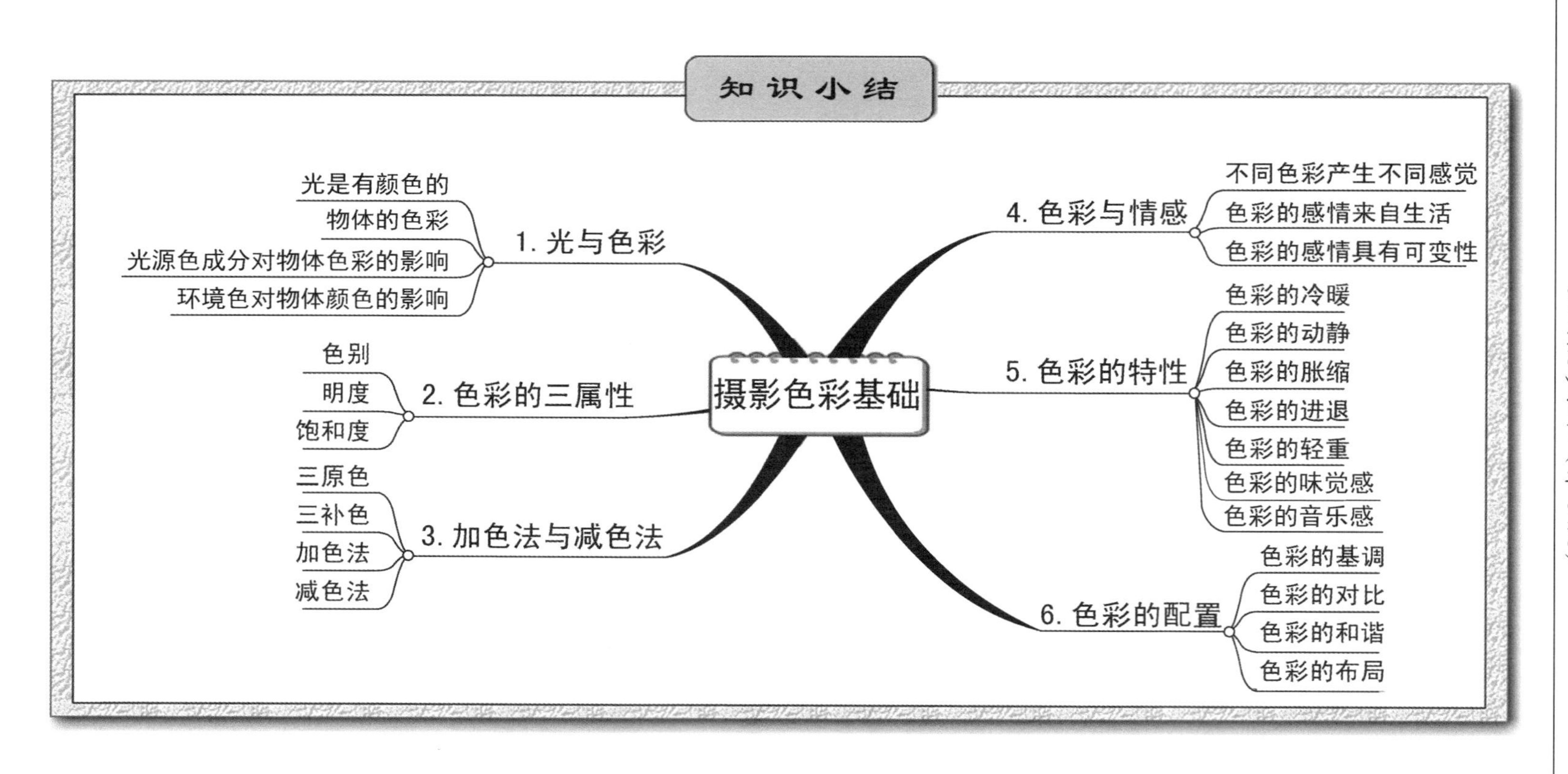
知识小结
摄影色彩基础
1. 光与色彩
光是有颜色的
物体的色彩
光源色成分对物体色彩的影响
环境色对物体颜色的影响
2. 色彩的三属性
色别
明度
饱和度
3. 加色法与减色法
三原色
三补色
加色法
减色法
4. 色彩与情感
不同色彩产生不同感觉
色彩的感情来自生活
色彩的感情具有可变性
5. 色彩的特性
色彩的冷暖
色彩的动静
色彩的胀缩
色彩的进退
色彩的轻重
色彩的味觉感
色彩的音乐感
6. 色彩的配置
色彩的基调
色彩的对比
色彩的和谐
色彩的布局

项目实践

都市的夜晚

都市的夜晚是光与影的舞台。沿街走来，梳理一天忙碌的思绪，捡拾一段美丽的心情……时光流转一如荧光散射，思绪点点一如灯火通明。一排渐行渐远的灯火，通往一处幽深的思念；一栋熟悉的建筑，记录一段都市成长的故事。

夜景拍摄的工作相对复杂，我们首先应该熟练掌握相机的功能与操作，并能够熟练使用三脚架。三脚架可以保证拍摄的稳定性，还可以借助它来进行延时拍摄，以取得意想不到的效果。夜间拍摄，安全问题不可忽视，必须通过明确的分工与合作确保拍摄的顺利进行。可以想象，夜色中几个忙碌的身影也是都市夜晚的一道风景，记录大家一起工作的场面，一定是一段美好的回忆。然后根据所选取的主题选出一些优秀的照片，借助 Photoshop 等图像软件加以润色，增加照片的表现力。最后，为每一张照片附上贴切生动的文字说明，突出主题。我们还可以利用 Flash、PowerPoint、Frontpage、Dreamweaver 等软件把作品整理成集，发布到网站上，让大家一起欣赏这都市夜间的美丽，分享拍摄的乐趣和心得。

数字和网络的时代，使我们能够建立起超越时空的拍摄合作。在网络上发布拍摄计划，由各处的朋友们根据主题在不同的街区取景拍摄。这样既方便又快捷，又能够展示出不同城市夜色多样的文化风景，为丰富主题增加更多的照片素材。我们同样可以通过网络分享拍摄经验，学习编辑技术，交流创作灵感，从而完成一个个高质量的摄影作品。

项目作品赏析

图 4.32 《新时代之夜》（孟祥宇 摄）

都市的夜晚总离不了辉煌的灯光与伟岸的建筑。《新时代之夜》（见图 4.32）体现了大连星海广场时尚、浪漫的新时代都市气息，楼宇的灯光相互呼应，给我们带来了丰富的色彩体验，把都市的夜晚映衬得更加美丽。（文_孟祥宇）

 摄影项目习作赏析（见图 4.33、图 4.34）

图 4.33 《辽师校园夜》（蔺天娇 摄）

图 4.34 《愈夜愈繁华》（骆旭 摄）

 数码图像处理实战

天使站在花丛中

1．项目实战说明

利用 Photoshop CC，以图 4.37“花朵”为背景，将图 4.35“蝴蝶”、图 4.36“天使”图片进行合成，合成效果如图 4.38 所示。

图 4.35　蝴蝶

图 4.36　天使

图 4.37　花朵

图 4.38　合成效果图

2．实战步骤

（1）在 Photoshop CC 中打开第四章“项目实战”文件夹中的图片素材“花朵”“蝴蝶”和“天使”文件。激活“天使”图片，利用工具栏中的磁性套索工具，圈取“天使”文件中的人物图像。

（2）单击菜单中的“图层”→“新建”→“通过复制建立图层”命令，将选择区内的图像复制并整合成为一个新层。确认图层调板处于显示状态，观察图层调板，会发现新增加了一个“图层 1”图层。

（3）激活“蝴蝶”图片，单击工具栏中的磁性套索工具，在“蝴蝶”文件中选择蝴蝶的翅膀部分。利用工具栏中的工具，拖动“蝴蝶”文件中的选择区中的图像至“天使”文件中，在“图层调板”中又出现了一个内容为蝴蝶翅膀的“图层 2”图层。

（4）在图层调板中，用鼠标按住“图层 2”向下拖动，拖动至“图层 1”松手，“图层 2”移至“图层 1”之下，图层调板如图 4.39 所示。单击“编辑”→“变换”→“水平翻转”按钮，然后利用工具栏中的移动工具 调整蝴蝶翅膀图像的位置，如图 4.40 所示。

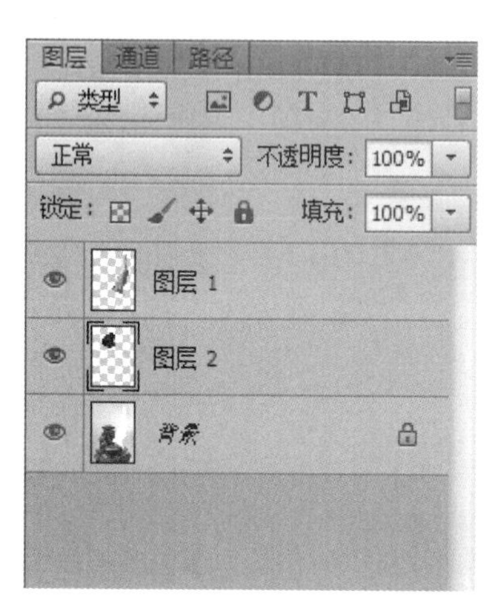

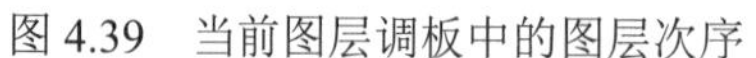

图 4.39　当前图层调板中的图层次序

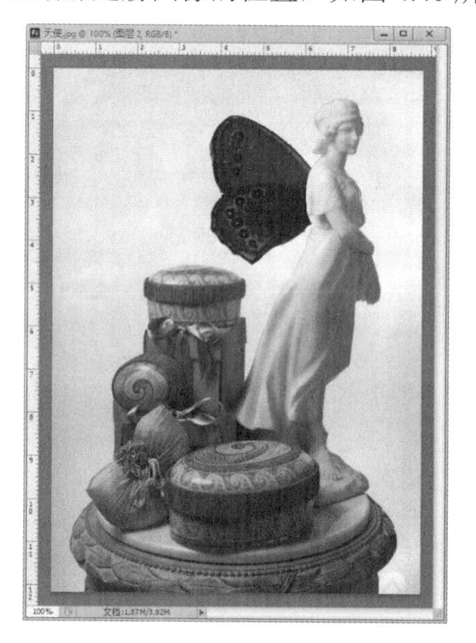

图 4.40　蝴蝶翅膀图像的位置

（5）按住 Ctrl 键，在图层调板上连续选中“图层 1”和“图层 2”，单击图层调板左下方的“链接图层”按钮 ，“图层 1”和“图层 2”被合并成一组。合并后的“图层 1”和“图层 2”右边会出现“链接图层”按钮 ，如图 4.41 所示。

（6）利用工具栏中的磁性套索工具 ，在“花朵”文件中选择最下方的花朵，选区如图 4.42 所示。

图 4.41　图层调板

图 4.42　花朵选择区状态

（7）单击菜单中的“图层”→“新建”→“通过复制建立图层”命令，将选择区内的图像复制并整合成为一个新层。在“图层”调板上，单击最下方的“背景”层图标，使其成为当前层，这样后面复制进来的图层就会叠放在“背景”层之上“图层 1”层之下。

（8）利用移动工具拖动“天使”文件中的“图层 1”和“图层 2”至“花朵”文件中。“花朵”文件的图层调板如图 4.43 所示。我们发现“天使”文件中的人物和蝴蝶翅膀同时被复制到“花朵”文件中，两图依然合并锁定在一起。

图 4.43　花朵文件的图层调板

（9）在图像中，利用移动工具调整新复制出来的图像到如图 4.35 所示的位置。

（10）在图层调板上选择“图层 2”，调整“设置图层混合模式”为“强光”，“不透明度”为 60%，图像中的翅膀变得明亮而透明。本项目也可以分别选择“蝴蝶”和“天使”，依次拖动到“花朵”图片中再进行制作。

（11）单击菜单中的“文件”→“另存为”命令，保存图像。

思考题

（1）色彩是如何产生的？色温是如何定义的？

（2）掌握色彩三属性，即色别、明度、饱和度的含义。

（3）何谓三原色和三补色？何谓加色法和减色法？

（4）掌握色彩情感的应用。

（5）掌握色彩的特性及应用。

（6）如何进行色彩的配置？

第五章　数码照相机与拍摄技巧

✧　概念

1. 拍摄模式　镜头　光圈　快门　调焦　景深

2. 像素　分辨率　感光度　白平衡　动感

✧　拍摄实践

提示：拍摄作品时，要注意构图和用光技巧（构图和用光请参阅第二章和第三章）。拍摄后要对摄影图像的效果进行总结和分析，以便更好地掌握摄影技术。

1. 通过数码照相机上的拍摄模式转盘来选择相应的拍摄模式，如自动调整模式、快门优先模式、光圈优先模式、人像模式、风景模式、夜景模式等进行拍摄。

2. 在快门优先模式下，分别设定不同的快门速度（如 1/30 s、1/60 s、1/125 s、1/250 s、1/500 s、1/1000 s 等），拍摄运动的物体（如奔跑的动物、瀑布、马路上快速行驶的汽车等）。

3. 在光圈优先模式下，分别设定不同的光圈系数（如 f/2.8、f/4、f/5.6、f/8、f/11、f/16 等），在拍摄距离、照相机镜头焦距不变的情况下，拍摄同一物体（如花草、树木、建筑等）。

4. 在拍摄距离、光圈大小不变的情况下，改变数码照相机的镜头焦距，对同一物体进行拍摄（如一幢楼房、人物、雕塑等）。

5. 在照相机镜头焦距、光圈大小不变的情况下，改变拍摄距离对同一物体进行拍摄。

本章导读

- “工欲善其事，必先利其器”，再好的数码照相机也需要有技术高超的拍摄者才能发挥出它的性能。
- 掌握摄影技术是成功拍摄数码摄影作品的前提之一。摄影时用不同的光圈、快门速度及焦距等，会使摄影画面更多变、更灵动，从而感受到审美的愉悦。
- 一张优秀的摄影作品不仅需要的是技术与技巧，更重要的是摄影者对主题的思考、锤炼，对作品倾注的感情，对美的理解、创造和应用。
- 数码摄影是技术与艺术的混血儿。数码摄影依托于技术的进步而存在，但是技术只有被赋予审美情趣，才能显示出艺术的动人魅力。
- 从技术的角度记录灿烂的生活，从艺术的角度培养审美观念。

第一节　数码照相机拍摄模式的选择

数码照相机能让瞬间固定为永恒。拍摄者需根据拍摄作品的要求，通过照相机上的拍摄模式转盘来选择相应的拍摄模式，如图 5.1 所示。

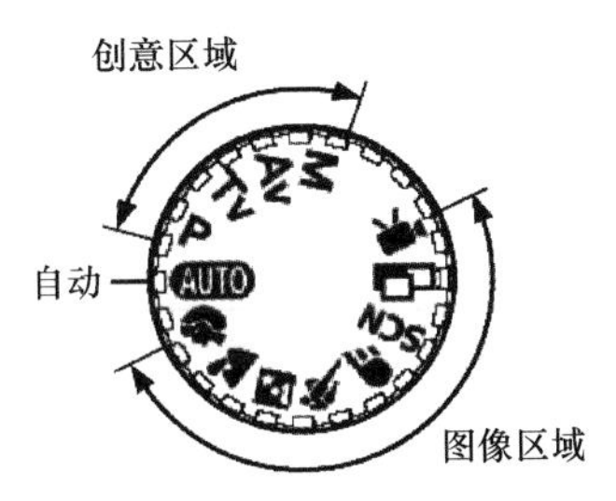

图 5.1　拍摄模式转盘

一、自动调整模式（AUTO）

在自动调整模式下，数码照相机自动调整焦距、曝光及白平衡。当被摄对象与背景之间反差不大且被摄对象被均匀照亮时，一般可以得到曝光正确的画面；但是，如果被摄对象与背景之间反差较大或被摄对象被不均匀照亮时，自动模式就很难拍摄出理想的效果。

二、手动模式（M，即 Manual）

在手动模式下，拍摄者可以根据自己的需要手动调整快门速度和光圈大小。

三、程序设置模式（P，即 Program）

光圈大小、快门速度完全由数码照相机内的微型计算机自行计算决定，与自动照相机相同，操作方便、快速，但不一定能够拍摄出我们所想要的效果。

四、快门优先模式（Tv）

快门优先模式是指拍摄者先设定快门速度，数码照相机根据快门速度自动调整光圈大小，使总曝光量满足拍摄要求。快门速度的快慢直接影响着运动物体的清晰程度。快门速度越快，拍摄的运动物体就越清晰；快门速度越慢，拍摄的运动物体就越模糊。如图 5.2 至图 5.4 所示，通过对比便一目了然。图 5.2 的快门速度是 1/500s，此时拍摄的喷泉水珠是凝固的；图 5.3 的快门速度是 1/250s，此时拍摄的喷泉已经虚化了；图 5.4 的快门速度是 1/8s，此时拍摄的喷泉已经变成了缥缈的白纱，有很强的动感。

快门优先模式多用于拍摄运动中的人或动物。如图 5.5 所示为采用 1/500 s 的快门速度拍摄的画面，凝固住了白嘴鸥张开翅膀的精彩瞬间。

图 5.2　快门速度为 1/500 s

图 5.3　快门速度为 1/250 s

图 5.4　快门速度为 1/8 s

图 5.5 《展翅》（王朋娇 摄）

五、光圈优先模式（Av）

光圈优先模式是指拍摄者先设定光圈大小，数码照相机根据光圈大小自动调整快门速度，使总曝光量满足拍摄要求。使用此模式主要是为了控制景深。使用大光圈可以获得小景深，小景深通常用于虚化背景，突出主体，如图 5.6 和彩图 3 所示。为了表现广阔的大场面，通常选用小光圈来获取大景深，大景深通常用于风景的拍摄，如图 5.7 所示。

图 5.6　小景深的照片（王朋娇 摄）

图 5.7　大景深的照片（王朋娇 摄）

六、人像模式（ ）

在人像模式下拍摄出的人物照片，其背景模糊，人物主体清晰。照片的景深比较小，如图 5.8 所示。选用人像模式时，在近距离内拍摄，效果会更好。

图 5.8 《发现美　记录美》（王朋娇 摄）

七、风景模式（ ）

在风景模式下拍摄出来的照片近景和远景都非常清晰，景深比较大，如图 5.9 所示。

图 5.9 《大连白云燕水公园》（王朋娇 摄）

八、夜景模式（）

在夜间拍摄时，使用夜景模式可以得到很好的夜景照片，如图 5.10 所示。但是，由于在此模式下，一般快门速度较慢，建议使用三脚架拍摄。

图 5.10 《西山夜色美》（张佳妮 摄）

九、微距模式（）

拍摄一些尺寸较小的被摄体时，需要使用微距模式。如图 5.11 所示为使用微距模式拍摄的图片。使用微距模式拍摄时，建议将变焦调至长焦端。在微距模式下拍摄时，调焦范围非常窄，需要仔细调焦。如果调焦不准，很容易造成整个画面模糊。

图 5.11 《含苞待放》(王朋娇 摄)

十、动态模式()

动态模式，又称运动模式，可用于拍摄高速运动的物体，数码照相机会把快门速度调得更快，以保证拍摄的运动物体清晰，如图 5.12 所示。

图 5.12 《水滴舞》(冯聪 摄)

十一、慢速快门模式()

使用慢速快门模式可以把移动的物体拍摄得很模糊。拍摄河流、喷泉、瀑布等可以选择这种模式，拍摄瀑布效果如图 5.13 所示。但是，拍摄时要注意持稳相机或者使用三脚架。

图 5.13 《观壶口瀑布》（王朋娇 摄）

十二、辅助拼接模式（ ）

在拍摄很宽阔的场景时，拍摄一张照片往往不能把宽阔的场景记录下来，这时可以使用辅助拼接模式，通过对场景的多次连拍，把几张照片拼接在一起，如图 5.14 所示。

图 5.14 《东北师范大学静湖》（王朋娇 摄）

十三、短片模式（ ）

在短片模式下可以拍摄一小段录像，记录影像声音。

认真阅读数码照相机的说明书

数码照相机的说明书提供了操作和使用指南，对于拍摄大有帮助。如果看懂了说明书，也就掌握了数码照相机的基本操作方法，加上本书的理论指导，相信大家一定能拍摄出优秀的摄影作品。

第二节　数码照相机的拍摄

一、正确握持数码照相机

大部分数码照相机都是自动调焦的。如果拍摄的照片整个画面都模糊不清，一般是因为持机不稳造成的。为了使拍摄的照片更清晰，握持数码照相机的时候，如图 5.15 所示，应左手托住机身或照相机左下部，右手握住照相机右部，用右手食指按压快门按钮，按下快门按钮时不要用力过猛。用较慢的快门速度拍摄时，最好选用三脚架和快门线，或尽量借助身边的树木、墙壁、窗台等作为手臂的依托，以保证数码照相机的稳定。如图 5.16 所示，**注意**：按压“快门”按钮的手指不应该完全放在数码照相机上。

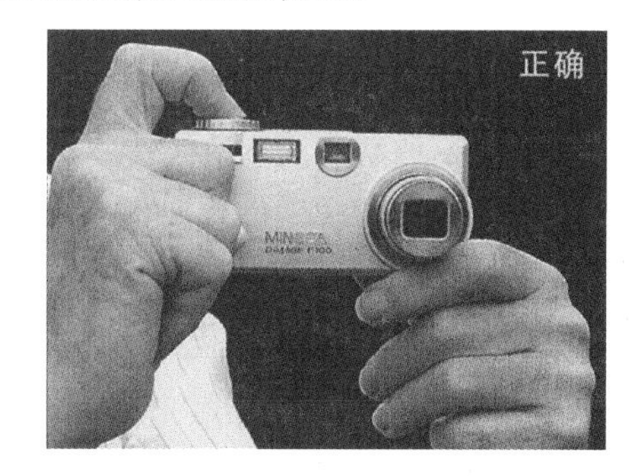

图 5.15　数码照相机的正确握持方法

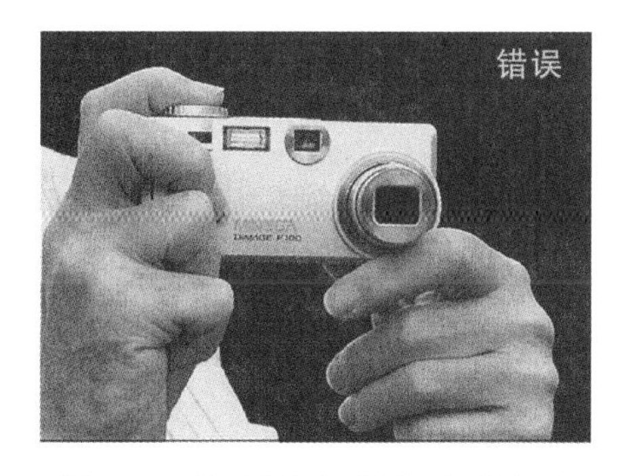

图 5.16　数码照相机的错误握持方法

二、合理构图

如果想改变被摄体在画面中的大小及拍摄范围，拍摄者可以走近或远离被摄对象，也可以使用变焦杆。按“广角（W）”按钮可以缩小被摄对象，增大画面中可以看到的范围；按“望远（T）”按钮可以放大被摄对象，使其占据画面更多的部分。取景时，一定要注意进行合理的构图，从而使拍摄的画面更加美丽、生动。

三、调焦

数码照相机多为自动调焦，即将数码照相机的调焦点对准要拍摄的主体，半按“快门”按钮，数码照相机发出提示音，此时数码照相机自动完成测光并将调焦和曝光锁定。

四、拍摄

完全按下“快门”按钮，快门会发出“咔嗒”声，影像被存储在数码照相机的存储卡中。数码照相机的“CARD BUSY”灯亮时，表明存储卡正在存储数码影像文件，这时不要进行其他操作。

五、浏览数码图像

拍摄完照片，将数码照相机的功能模式切换到播放模式按钮▶，就可以浏览已拍摄的照片。如果想快速浏览更多的画面，可以把功能模式切换到按钮（一般为 9 幅影像），此时每屏将显示如九宫格的多个画面。

六、数码照片的下载

用数码照相机附带的连接线，连接计算机的 USB 端口与数码照相机的数码（Digital）接口，或将存储卡放入读卡器，或直接放入笔记本电脑的卡槽，计算机能够自动识别数码照相机或者存储卡。数码照相机的存储器一般都会以磁盘驱动器的形式出现在“我的电脑”中，可以像操作计算机硬盘上的图片一样对存储器中的图片进行浏览、复制、删除、移动等操作。利用看图软件 ACDSee 或图像处理软件 Photoshop，都可以很方便地查看、编辑数码照片。

第三节　数码摄影的调焦

一、摄影时需要调焦

摄影时，确定了拍摄主体和拍摄点后，主体通过镜头成像不一定正好成在图像传感器上，这时就要通过调焦器件（调焦环）沿光轴方向前后移动镜头，改变物距、像距或焦距以调整成像平面的位置，这个过程称为调焦。数码照相机的镜头相当于一块凸透镜，用于成像。调焦距离标尺刻在镜头调焦环上，其数值指被摄主体到镜头的距离。调焦准确时，能在图像传感器上获得最清晰的成像。从传统的裂像手动调焦照相机到现在广泛使用的自动调焦数码照相机，都需要拍摄者通过取景器确定景物调焦点。

调焦点是一张数码影像中最清晰的部分，可以说调焦点是数码影像的灵魂。没有明确调焦点的数码影像，即使有好的主题、构图和曝光，也会使观者迷惑不解。

如图 5.17 和图 5.18 所示，选择的景物调焦点不同，画面表达的视觉感受也不同。如图 5.17 所示，画面的调焦点是左边的玉兰花朵，清晰地展现出花瓣鲜嫩的质感，花朵向画面中心呼应，给画面以形式美感。如图 5.18 所示，画面的调焦点是中间的玉兰花朵，清晰的花朵成为画面的视觉重点。

图 5.17　调焦点为左侧花朵（王朋娇 摄）

图 5.18　调焦点为右侧花朵（王朋娇 摄）

二、调焦点的选择

照相机厂商在制造数码照相机时，通常设有多个调焦点区域，以满足构图的需要。

如果数码照相机只设有一个调焦点区域，如图5.19所示，应先把照相机中间的调焦指示区域对准要拍摄的主体，半按快门进行自动调焦并锁定焦点。保持半按快门的状态，再多方位改变拍摄角度，根据拍摄主题和主体的需求，考虑光线的运用等，重新构图拍摄。

图5.19　一个调焦点区域

有的数码照相机设有三点自动调焦区域，如图5.20所示。有的数码照相机设有五点或七点的自动调焦区域，如图5.21所示。摄影时，可以在不改变拍摄角度的情况下，选择不同位置的调焦点进行调焦，将调焦点选在最需要明确表达的主体上即可。

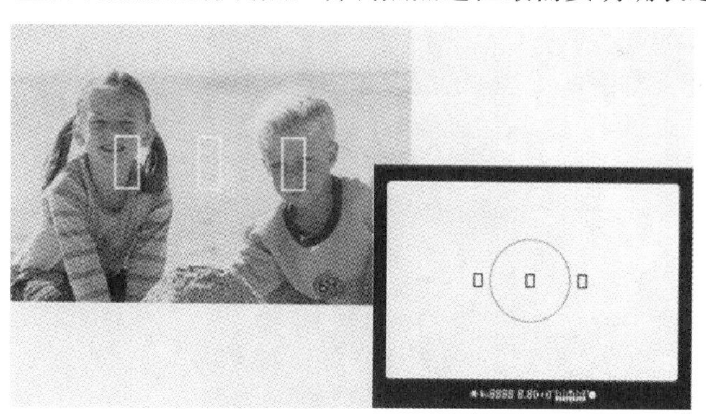

图5.20　三点自动调焦区域

图5.21　七点自动调焦区域

友情提示

调焦点的选择应突出主体

如图5.22所示，调焦点选在远处的人物上，人物清晰的姿态、神情传达出安逸舒适的生活状态，而虚化的前景人物更衬托出他不受打扰的乐观态度。如图5.23所示，前景人物背对观众，虽调焦清晰，但没有太多的信息表达。如图5.24所示，早春，一束玉兰花开放在幽静的胡同口，利用取景器偏下调焦框对准玉兰花调焦，利用新与旧、明与暗的对比勾勒着古老的城市。

图 5.22　调焦点的选择突出主体

图 5.23　调焦点的选择无太多的信息表达

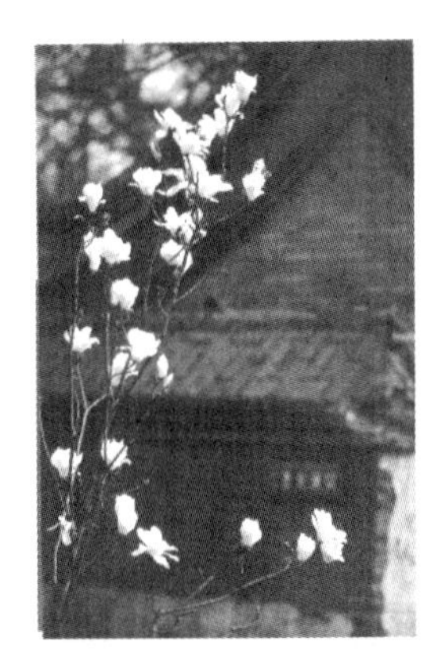

图 5.24　对准玉兰花调焦

三、自动调焦的常见类型

自动调焦的常见类型有双像对称式光电、超声波、红外线、眼控等自动调焦系统。

1. 双像对称式光电自动调焦系统

这种自动调焦系统内装有两块反光镜获取影像，进行对比，并且通过电子电路指令照相机内的镜头制动装置伸缩镜头，完成自动调焦。此系统失灵的拍摄情况有：在暗弱光线条件下，被摄体明暗反差小；拍摄近景的形状类似、重复的图案，如草地等。

2. 超声波自动调焦系统

这种系统是采用超声波的发射与回收的方式来进行自动调焦的。在拍摄烟云、水中的物体等吸收超声波的物体时，超声波自动调焦会失灵。

3. 红外线自动调焦系统

红外线自动调焦系统分为主动式对焦和被动式对焦两种。主动式对焦通过照相机发射红外线，根据反射回来的红外线信号确定被摄体的距离，实现自动对焦。被动式对焦通过分析物体的成像，判断是否已经聚焦，多用于高档专业照相机。在拍摄水下景物、太阳、雨等吸收红外线的物体时，红外线自动调焦会失灵。

4. 眼控自动调焦系统

眼控自动调焦系统在 20 世纪 90 年代由佳能公司首创。眼控自动调焦系统由包括眼球照射系统在内的视线检测光学系统、眼球像检测与视线方向检测运算系统，以及显示系统构成。它的工作原理是照相机内的微型计算机对在传感器区域上感应到的眼球像的瞳孔中心，与红外发光二极管照射眼球时产生的角膜反射像位置关系进行高速运算，根据运算结果求出眼球转动角度，然后测算出摄影者眼睛在取景器上所观察的位置，最后测定测距点并进行自动调焦。

第四节　数码照相机的基本结构

数码照相机是获取数码图像的主要工具。数码照相机主要由镜头、光圈、快门、图像传感器、数字影像处理器、取景器与液晶显示器、图像存储器、输出接口、电源开关等组成。

一、镜头

数码照相机的镜头相当于一块凸透镜，它的主要作用是把光线汇聚起来，在图像传感器中形成一个清晰的“影像”，其成像原理如图 5.25 所示。在数码照相机镜头上一般都标有“7.1～41.3 mm”或“5.4～10.8 mm”的字样，它指的是镜头的焦距，即数码照相机对准无限远的位置时，镜头中心到图像传感器的距离。

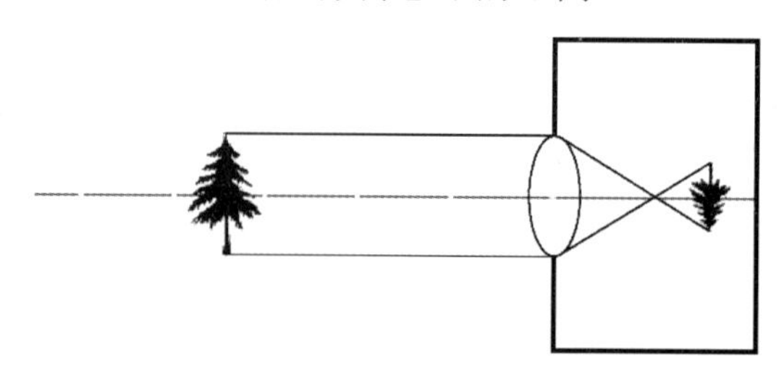

图 5.25　数码照相机的成像原理

数码照相机镜头的焦距决定被摄景物在图像传感器上成像的大小、视场角（容量）的大小与景深。焦距不同，在同一距离拍摄的画面效果也不同。焦距越短，画面的视场角（容量）越大；焦距越长，画面的视场角（容量）越小。

数码照相机镜头根据焦距值能否调节，分为定焦距镜头和变焦距镜头两类。定焦距镜头指镜头是固定的，只有一个焦距；变焦距镜头指镜头可以来回伸缩，焦距是可以变化的。目前，大多数数码照相机使用的都是变焦距镜头。

视　场　角

人眼观察景物时，眼睛的观察点称为视点；不转动头部，眼睛所能观察到的景物范围称为视角。

照相机镜头的成像与人的眼睛观察景物有些相似。可以简单地将照相机的焦点理解成视点；而通过照相机镜头可以看得见的清晰空间范围是视场，这一视场对应在画面上的角度就是视场角。在拍摄画面尺寸一定时，焦距越长，视场角越小；焦距越短，视场角越大。

二、光圈

光圈由许多活动的金属叶片组成，一般装在镜头的后端。在数码照相机的菜单或设置中设定光圈系数大小能使其均匀地开合，将其调整成大小不同的光孔，进而控制进入镜头到达图像传感器的光线，以适应不同的拍摄需要，获得正确曝光。

光圈大小是用光圈系数表示的，如 f/5.6、f/4、f/8 等。如图 5.26 所示，光圈系数越小，光圈越大，进入镜头到达图像传感器的光线就越多；光圈系数越大，光圈越小，进入镜头到达图像传感器的光线就越少。光圈变化一级（挡），图像传感器接受的曝光量也变化一级（挡）。

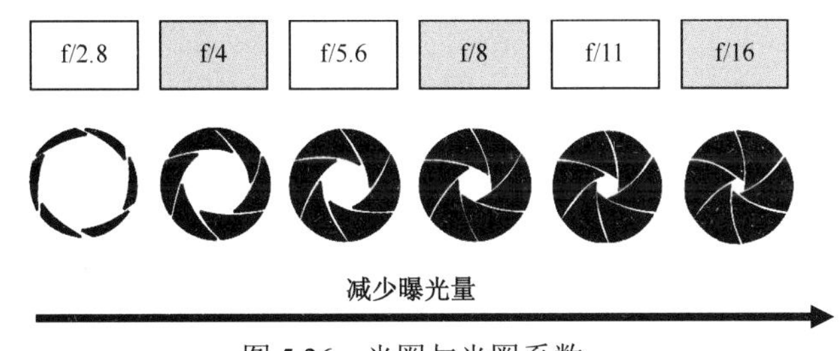

图 5.26　光圈与光圈系数

光圈系数按照进光量由多到少（光圈由大到小）的排列顺序，如图 5.27 所示。

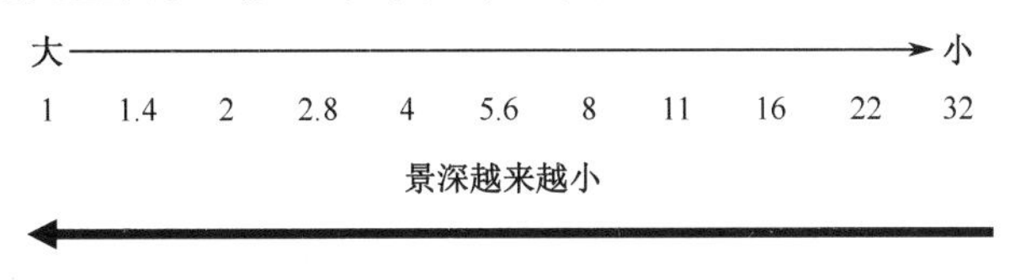

图 5.27　光圈系数排列

在数码照相机的镜头上刻有最大光圈。数码照相机使用变焦距镜头，变焦距镜头分为两种：一是恒定孔位的变焦距镜头，如 7.1～41.3 mm 的变焦距镜头，1∶4 的恒定光圈无论是在 7.1 mm 端，还是在 41.3 mm 端，其最大光圈都是 f/4；二是可变光圈孔径的镜头，如 7.1～41.3 mm 的变焦距镜头刻有“f/4～5.6”，就说明在 7.1 mm 端时，其最大光圈是 f/4；而在 41.3 mm 端时，其最大光圈只有 f/5.6。

景　　深

景深就是影像前后的清晰范围。

镜头对准被摄主体并调焦后，在图像传感器上结成清晰的影像，同时位于主体前后一段距离范围内的景物，在图像传感器上结成的影像，以人眼的鉴别来看也认为是清晰的，这一段范围就称为景深，如图 5.28 所示。清晰范围小，称为小景深，如彩图 9 所示；清晰范围大，称为大景深，如图 5.29 所示。

影响景深的因素：光圈、拍摄距离和镜头的焦距。

（1）拍摄距离和镜头焦距不变：光圈越大，景深越小；光圈越小，景深越大。

（2）拍摄距离和光圈不变：镜头的焦距越长，景深越小；镜头的焦距越短，景深越大。

（3）光圈和镜头焦距不变：拍摄距离越近，景深越小；拍摄距离越远，景深越大。

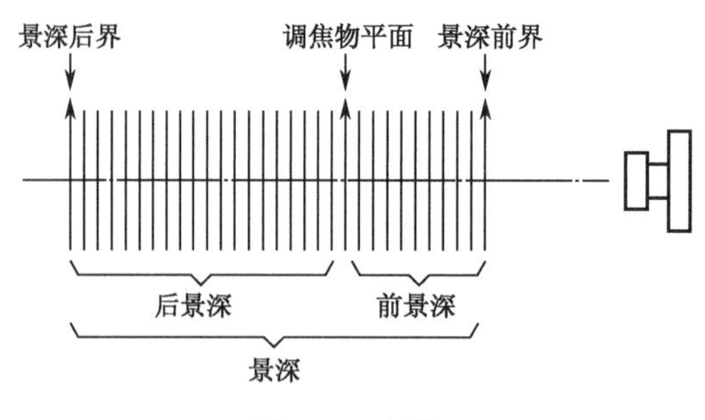

图 5.28　景深

图 5.29　荷塘翠色（吴英杰 摄）

光圈大小的选择

为保证正确曝光，光圈的大小选择很重要。在光线较暗的场景下拍摄时，需要使用大光圈，以让足够的光线到达图像传感器；在光线较亮的场景拍摄时，则需要使用小光圈，以减少到达图像传感器的光线。摄影时，为了突出主体，可以选用大光圈拍摄，利于虚化背景；而在拍摄一些前景、中景、远景都需要清晰的画面时，要选用小光圈拍摄。

三、快门

数码照相机的快门是可动的遮光屏，平时用来遮挡光线，避免图像传感器感光。它是从时间上控制曝光的一种计时装置，计时单位为 s（秒）。

快门与光圈是构成图像传感器正确曝光的两个关键因素。镜头的光圈只能起到控制图像传感器曝光量的部分作用。不开启快门，光线则不能照射到图像传感器，快门的开启和关闭控制着图像传感器曝光所经历的时间，以达到正确曝光。

快门的开启时间称为快门速度。快门速度在数码照相机的菜单或设置中可以找到。快门速度的标记数值一般标在照相机机身的调速盘上，如图 5.30 所示（仅供参考）。

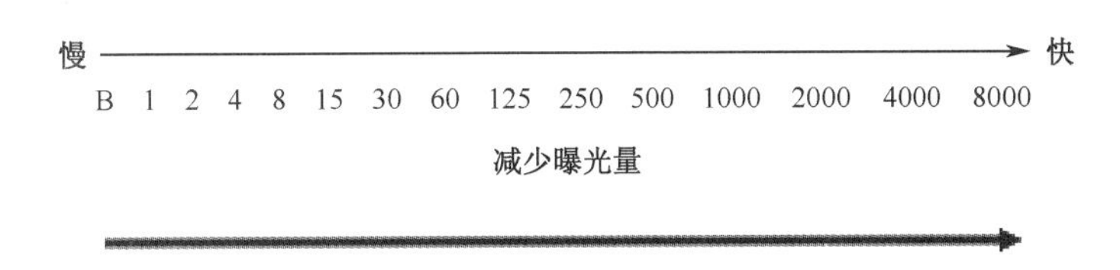

图 5.30　快门速度由慢到快的标记数值

“1”代表 1 s，其他的数字表示的是分数的分母值，即“4”表示的是 1/4 s，“125”表示的是 1/125 s，“4000”表示的是 1/4000 s。有些照相机还标出了比 1 s 还慢的快门速度，一般另用 1.6 " 、2 " 等标识以示区别。也有的照相机设置 B 门，B 门是实现较长时间曝光的一种装置，按下快门按钮，快门打开，松开快门按钮，快门才关闭。

数字越小，快门速度越慢，进入镜头的光线越多。数字越大，快门速度越快，进入镜头的光线越少。快门速度变化一挡，图像传感器接受的曝光量也变化一挡。

不同的快门速度能产生不同的动感，如图 5.31 和图 5.32 所示，甚至可以“冻结”运动状态。

在拍摄时，使用高速快门（高速摄影）如 1/8000 s 拍摄运动的子弹时，就可以得到子弹清晰的影像。图 5.31 这幅经典的高速摄影作品，让我们看到了人眼无法直接观察到的瞬间影像，这也是摄影技术给人类带来的宝贵财富。高速摄影一直被广泛应用于体育、科研和军事等领域，有着极高的科学研究价值。在艺术摄影领域中，高速摄影也以凝固人眼所无法直接观察之美，给人们带来了强有力的视觉震撼力。

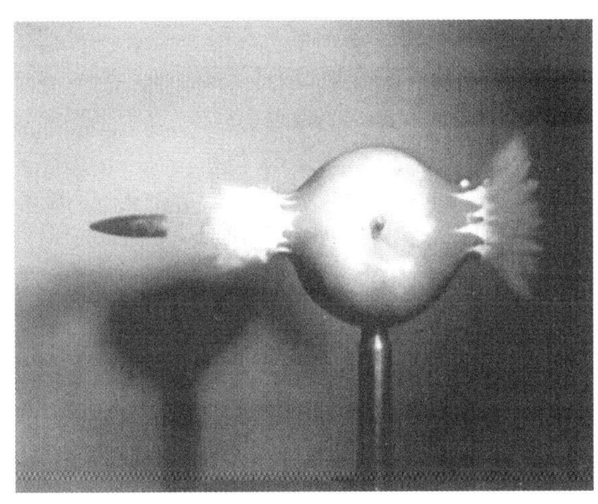

图 5.31 《子弹洞穿苹果》（埃杰特 摄）

使用慢速快门拍摄运动的物体，可以得到运动物体较为模糊、动感较强的某一瞬间影像。图 5.32 是 2008 年 8 月 13 日，北京奥运会游泳选手在 200 m 仰泳比赛时入水的一瞬间，画面动感十分强烈。

图 5.32 《入水一瞬》（大卫·伊莉特 摄）

友情提示

不同曝光组合的选用

摄影是一门造型艺术，不仅在技术上要求达到曝光正确，而且在艺术上要达到一定水平。尽管不同曝光组合的曝光量相等，但拍摄的造型效果却迥然不同。调定快门速度和光圈大小时，要视具体情况而定。例如，拍摄纪念照片时，常把快门速度定在 1/125 s，因为速度较快，照相机不易抖动，可保证画面的清晰，设定完速度后再根据曝光组合调定相应光圈的大小。又如，摄影时为了突出主体可以采取获得小景深的方法，让背景虚化，这时需要采用 f/5.6 光圈或 f/2 光圈，设定完光圈后再根据曝光组合调定相应的快门速度。有时，光圈和快门都很重要，要兼顾二者，选用中等的光圈及快门速度，如 1/125 s、f/8。

四、图像传感器

图像传感器是数码照相机的核心部件，主要有 CCD（英文 Charge Couple Device 的首字母缩写）和 CMOS（英文 Compiementary Metal-Oxide Semiconductor 的首字母缩写）两种。图像传感器的作用是用来捕捉光线的，它代替了胶卷的“感光”作用。数码照相机是通过图像传感器与储存卡的结合来记录影像的。

图像传感器相当于胶卷，起“感光”作用，它将进入镜头的成像光线转变为影像的电信号，再由数码照相机中的模数转换元件，将影像的电信号转变为数字信号。图像传感器本身不是存储影像信号的，但是存储在存储卡上的数码影像质量却是由图像传感器的质量决定的。图像传感器所含像素越多，成像越清晰，输出的照片幅面越大，但同时数码影像文件也就越大。

1. CCD 图像传感器

CCD，意为“电耦合器件”或“图像传感器”。图像传感器的感光原理是：CCD 感光元件的表面具有储存电荷的能力，并以矩阵的方式排列，当光线照射其表面时，会将电荷的变化转变成电信号，整个 CCD 上所有的感光元件产生的信号经过计算机处理就还原成了一个完整的图像。CCD 是两层结构，上面一层是马赛克形状的彩色滤镜，下面一层是感光元件，光线经过彩色滤镜照射在下层的感光元件上，每个彩色滤镜下方的像素只能感应该颜色光线。其中，红色和蓝色像素各占总像素的25%，绿色像素占总像素的50%。然后由数码相机的CPU将3种像素处理还原成拍摄时的色彩。

CCD的缺点：（1）分辨率提高到一定程度后再提高就很困难了。（2）每个像素的色彩由3个像素合成，很难精确地还原。（3）制造技术复杂，成品率低，造价昂贵。

2．CMOS光电传感器

CMOS，意为“互补金属氧化物半导体”。严格地说，CMOS是指利用硅和锗这两种元素制成的半导体材料，但是现在已经引申为用这种新材料制成的感光元件。CMOS感光原理与CCD不同，它上面共存在着带有正、负电荷的半导体，这两个互补效应所产生的电流经过芯片的处理就成为影像。

CMOS采用了类似于传统胶片的感光原理，将蓝、绿、红3层感光材料叠在一起，按照光线吸收波长的不同“逐层感色”，蓝色光在离感光元件0.2 m时开始被吸收，绿色光在离感光元件0.6 m时被吸收。这样一个像素即可还原色彩，与总像素相同的CCD相比，不仅分辨率大大提高，而且色彩还原准确。

3．CCD与CMOS的区别

由两种感光器件的工作原理可以看出，CCD的优势在于成像质量好，但是制造工艺复杂，所以制造成本较高，特别是大型CCD，价格非常昂贵。在相同分辨率下，CMOS价格比CCD便宜，但是CMOS器件产生的图像质量相比CCD来说要低一些。

CMOS相对CCD最主要的优势就是非常省电，CMOS的耗电量只有普通CCD的1/3左右。CMOS的主要问题是在处理快速变化的影像时，会由于电流变化过于频繁而过热。

五、数字影像处理器

数字影像处理器是固化在数码照相机主机板上的一个大型的集成电路芯片，主要功能是在成像过程中对图像传感器蓄积下的电荷信息进行处理，用于数码图像的压缩、显示、存储。它在数码照相机的整个工作过程中起到了非常关键的作用，相当于数码照相机的“大脑”。

六、取景器与液晶显示器（LCD）

取景器是用来构图的装置，也就是确定画面的范围和布局。数码照相机常用的几种取景器如下。

1．LCD取景器

LCD取景直观方便，能达到“所见即所得”的效果。LCD还可以回放存储在数码照相机存储卡里的照片或视频。大多数数码照相机还有一个光学取景器。简易数码照相机采用的是平视旁轴取景器，高档数码照相机采用的是单镜头反光取景器。

2．光学取景器

在大多数简易数码照相机机身的顶部都有一个光学取景器，取景器的光轴与镜头的光轴是平行的，但不同轴，所以称为旁轴。如图5.33所示为平视旁轴取景器光路示意图和实物图。这种取景器体积小巧，但取景有视差。取景器通常置于镜头上方或侧方，从光学取景器上看到的影像与镜头在图像传感器上的成像是不同的，在近距离拍摄中，视差就更为明显。

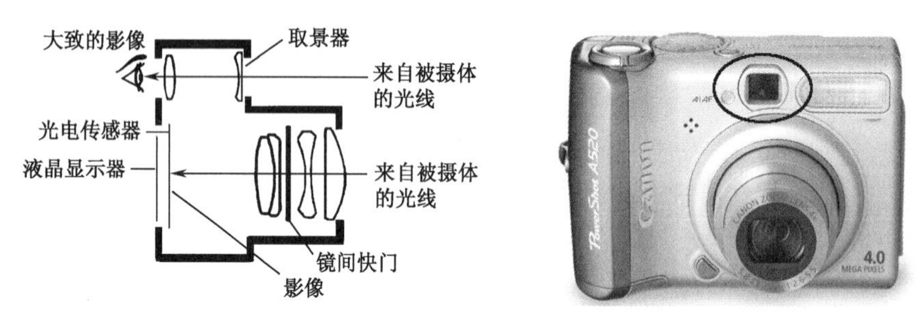

图 5.33　平视旁轴取景器光路示意图和实物图（仅供参考）

3．单镜头反光取景器（TTL）

高档数码照相机多采用单镜头反光取景器，取景和拍摄使用同一镜头，如图 5.34 所示，拍摄时没有“视差”存在。摄影镜头与图像传感器之间有一个与光学主轴成 45°角的反光镜，取景影像通过反光镜显示在机身上方的调焦屏上并形成实像。然后，通过屋脊式五棱镜反射至取景器上，这时可以观察到与图像传感器平面上同样清晰的正立影像。当按下“快门”按钮时，反光镜先行抬起，然后打开快门，使光线通过镜头直接射向图像传感器而进行曝光，曝光结束后，快门关闭，反光镜复位。由于传感器的限制，有的数码单反相机的 LCD 只能用来观看照片回放而不能用于取景拍摄。

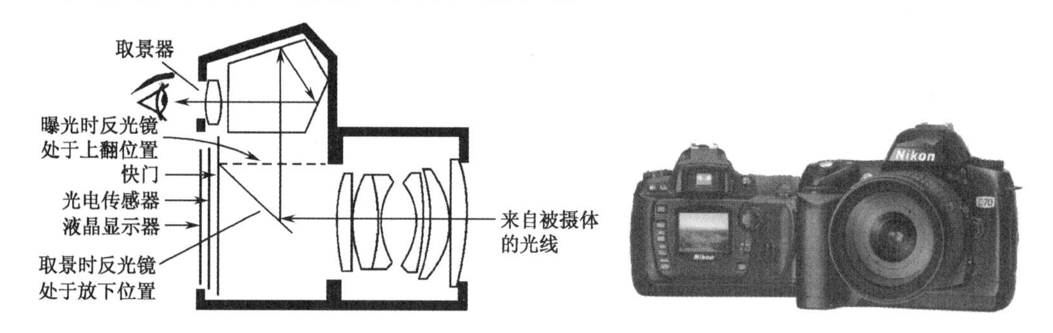

图 5.34　单镜头反光取景器光路示意图和实物图（仅供参考）

4．EVF 电子取景器

EVF 电子取景器可以看作 LCD 取景器的缩小版并结合了单反取景器的特点。EVF 电子取景器如 LCD 般具备极低的视差、易用等优点，而且 EVF 电子取景器都像单反取景器那般置于机身内部，所以它不像 LCD 那样会受到环境光线过强的影响。

七、图像存储器

数码照相机所用的图像存储器大多数为可移动的存储卡。存储卡的容量有 32 GB、64 G、128 GB、256 GB 等，可以根据需要选用。容量大致决定数码照相机能够存储的数码照片数量，当然还与设置数码照相机的照片分辨率和选择的压缩比有密切关联，分辨率低、压缩比大时，可以存储照片的数量就越多；反之，就越少。

八、输出接口

数码照相机的输出接口有数码（DIGITAL）接口和音频/视频（A/V OUT）接口。数码接口用于与计算机、打印机等连接。音频/视频接口用于与电视机连接。

第五节　数码照相机的性能指标

数码照相机常见的性能指标有像素数、分辨率、感光度、白平衡、存储格式、压缩比、闪光灯、曝光补偿、连拍功能等。了解数码照相机的各项指标含义，是正确选购和使用数码照相机的前提。

一、像素数

像素（Pixel）是组成数码图像的最小单位。如图 5.35 所示，若把数码影像放大数倍，就会发现这些连续色调其实是由许多色彩相近的小色块组成的。这种小色块就是构成影像的最小单位“像素”。

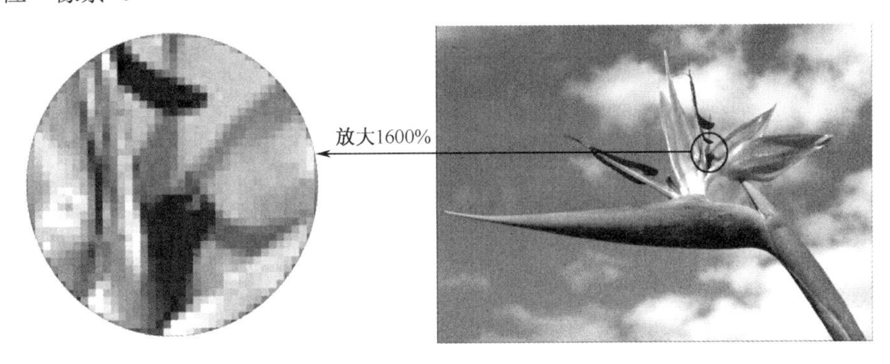

图 5.35　小色块是构成影像的最小单位“像素”

像素数是衡量数码照相机的最重要性能指标。图像传感器所含像素及其面积的大小直接影响着成像质量。数码照相机的像素数越高，构成影像的清晰度也就越高，文件数据量越大，在同样精度下输出大幅面照片的精度也就越高。

对于数码照相机像素的高低，有两种常见的表示法：一种是阵列表示法，即“横纵像素的乘积”，如 1600 像素×1200 像素、2048 像素×1536 像素等；另一种是总量表示法，如 525 万、1000 万像素等。这两种表示法的实质是相同的。选购数码相机时主要根据图像的用途来确定数码照相机的像素数：

（1）网络使用——100～200 万（1600 像素×1200 像素）。

（2）家庭使用——200～500 万（2560 像素×2048 像素）。

（3）刊物发表、参加摄影比赛——500 万（2560 像素×2048 像素）以上。

（4）印刷画册——700 万（3200 像素×2100 像素）以上。

二、分辨率

数码照相机的分辨率是衡量数码照相机记录景物细节能力的一项指标。它的高低既决定了所拍摄影像的清晰度高低，又决定了所拍摄影像文件最终所能打印出高质量照片画面的大小，以及在计算机显示器上所能显示画面的大小。

数码照相机的分辨率通常使用“每英寸的像素数”来衡量，一般以乘法形式表示，如 1024 像素×768 像素、1200 像素×1600 像素等。分辨率为 1024 像素×768 像素，则表示每一条水平线上包含 1024 像素，共有 768 条线。

分辨率的高低，取决于数码照相机中图像传感器芯片上像素的多少，像素越多，分辨率越高，拍出的照片也就越清晰。数码照相机在同一次拍摄中，不同的照片可以分别使用不同的分辨率设置。用于网页制作或只在计算机中观看时，可以选择低分辨率设置；用于印刷出版或打印大尺寸的高质量彩色照片时，可以选择高分辨率设置。

不同的分辨率

1．屏幕分辨率

屏幕分辨率是指用户在屏幕上观察图像时所感受到的分辨率。屏幕分辨率一般是由计算机的显卡所决定的。

2．位分辨率（位深）

位分辨率用来衡量每个像素储存信息的位数。这种分辨率决定了每次在屏幕上可显示的颜色种数。一般常见的有 8 位、24 位或 32 位颜色。

3．设备分辨率

设备分辨率又称输出分辨率，指的是各类输出设备每英寸可产生的点数，如显示器、打印机、绘图仪等。这种分辨率通过每英寸的打印点数（Dot Per Inch，DPI）来衡量。

4．网屏分辨率

网屏分辨率又称网屏频率，指的是打印灰度级图像或分色所用的网屏上每英寸的像素数。这种分辨率通过每英寸的行数来标定。

5．图像分辨率

图像分辨率指单位面积上的像素数目，通常用“像素数/英寸”（Pixel Per Inch）来表示。分辨率越大，所得的图像就越清晰，但图像文件也就越大。

三、感光度

感光度是摄影时确定正确曝光组合的主要依据之一，并且对摄影画面的质量有一定的影响。

1. 感光度的概念

感光度用 ISO 来表示，是数码照相机中的图像传感器对光线敏感程度的量化参数，感光度越高，图像传感器对光线就越敏感。“ISO 感光度”在数字上等同于胶片感光速度。大部分数码照相机的 ISO 感光度可设定为 ISO 200 至 3200 之间的值，并以 1/3EV 的步长进行调整。ISO 感光度可在拍摄菜单中调整，也可通过按下“ISO”按钮并旋转主指令盘直到控制面板中显示所需来设定。

2. 感光度与曝光量的关系

在同样的光线条件下，数码照相机设定的感光度不同，图像传感器所获得的曝光量也不同。ISO 感光度越高，曝光时所需要的光线就越少，从而可以设定较高的快门速度或者较小的光圈。

例如，设定 ISO 200 时，图像传感器对光线的敏感度是设定为 ISO 100 时的 2 倍。就是说用 ISO 200 拍摄某一景物，如果使用的曝光组合是 1/125s、f/16，那么拍同一景物若使用 ISO 100 则需加大一级光圈，即 1/125s、f/11 或相当的曝光量。如果使用 ISO 400 拍摄，快门速度仍为 1/125s，应使用的光圈为 f/22。

3. 感光度和画质的关系

较高感光度（如 ISO 400、ISO 800）给拍摄带来很大灵活性，在室内不用闪光灯就能取得前后景物自然平衡的效果。但高感光度拍摄会使得照片的粗微粒变得严重，图像变得粗糙（噪点），同时也会损失更多的细节，摄影画面的色彩饱和度也会受到影响。

4. 感光度与拍摄环境

表 5.1 给出了不同环境下感光度设定的参考数值，供拍摄时选用。

表 5.1　拍摄环境与感光度设定关系表

环境	光线强弱	感光度 ISO
户外的风景和人物	晴天阳光正常	100
户外抓拍、运动摄影	阴天户外、户外较暗阴影及光线充足的室内	200
室内	室内正常光线	400
夜间及较暗的室内	无明显光源	400 以上

四、白平衡（WB）

1. 白平衡的定义

数码照相机的图像传感器相当敏感，在不同光线下，由于图像传感器输出的不平衡性，造成色彩还原失真，导致数码图像整体偏蓝或偏红。为了保证色彩的准确还原，数码照相机设置了白平衡调整装置，可以根据光源色温的不同，调节图像传感器的各个色彩感应强度，使色彩平衡。由于白色的物体在不同的光照下都能被人眼确认为白色，所以白色就作为其他色彩平衡的标准，或者说当白色正确地反映成白色时，其他的色彩也就正确、平衡了，这就是白平衡的含义。白平衡调整的目的是为了得到准确的色彩还原。

数码照相机预设了几种光源的色温，以适应不同光源的要求。一般设有自动白平衡、日光、阴影、多云、钨丝灯、荧光灯、闪光灯、自定义等模式，如图 5.36 所示。当拍摄时，只要设定在相应的白平衡位置，就可以得到自然色彩的准确还原。

图 5.36　常用的白平衡模式

2．白平衡的手动调整

大部分数码照相机设有自动白平衡，可适应大部分色温。但遇到光源复杂时，自动白平衡也容易失误，为了应对混合光源的特殊色温，还原真实色彩，可以手动调整数码照相机的白平衡。调整程序为：（1）将一张白纸置于现场光照射下；（2）打开数码照相机，通过菜单调出手动调整白平衡设定功能；（3）将镜头对准白纸，按照数码照相机的操作提示，移动照相机位置或推拉变焦让白纸充满画面后，按下“快门”按钮，即可完成设定。

这时，在现场特定的光源下便可正确还原白色。按下“快门”按钮即可用设置的白平衡模式拍摄。

3．巧用白平衡

灵活地使用数码照相机的白平衡，不必拘泥于它的规定，用镜头对准要拍摄的景物，改变不同的白平衡设置，从屏幕上就可以直观地看到结果，根据主题的需要进行拍摄即可。例如，在拍摄秋天的树林时，为了更强调金黄的树叶，可以调高照相机的色温，从而使树叶变得更黄、更红，以强调现场的深秋色调。

五、存储格式

数码照片的影像质量首先是由像素决定的，像素越高，分辨率也就越高，拍摄的数码照片也就越清晰。另外，照片的质量还取决于用什么格式来存储，目前常用的存储格式有 TIFF、JPEG、RAW 等。单从图片的外观是看不出它们的差别的，但每种存储格式都各有特点与用途。

1．TIFF 格式

TIFF 格式是一种不压缩文件的存储格式，能够保证影像品质。TIFF 格式支持大部分图像处理软件。这种格式拍摄的图片文件大，存储空间也大。它适用于图片质量要求很高的情况，如高质量的画册、出版印刷、广告等。

2．JPEG 格式

JPEG 格式是压缩格式，通常以 1:4、1:8 或 1:16 的压缩比例保存图像，图片文件小，所占用的存储空间也小。JPEG 格式是一种“有损压缩”格式，这种格式会让图像丢失信息，压缩比例越大，丢失信息也就越多，压缩后的图像原始数据是不可以复原的。它适用于在网络上使用或做一般性的影像记录。

3．RAW 格式

RAW 格式可以直接记录照相机图像传感器捕捉的数据，不加任何处理。虽然图像在记录时有压缩，但是原始数据可以完全复原，在解压后可得到高画质的图像，画质并无任何损失。

六、其他

1. 压缩比

在图像质量选择上，数码照相机提供了“普通”“佳”“极佳”这三种不同的压缩比选择。“普通”压缩比保存的照片适用于网络浏览与传输。“佳”压缩比保存的照片适用于报纸新闻照片、一般资料记录图片等大部分拍摄的要求。“极佳”压缩比保存的照片适用于打印大尺寸的高质量彩色照片或杂志、出版、印刷的图片等。

2. 闪光灯

许多数码照相机都有内置闪光灯，有的照相机还有多种闪光模式，高档数码照相机还可以连接独立用闪光灯。

3. 曝光补偿

有关曝光补偿的内容可参考第六章第四节。

4. 连拍功能

一些数码照相机提供连续拍摄功能，即在 1s 内能连续拍摄 4 张、6 张、12 张或更多张照片，对于捕捉运动物体的每个瞬间非常有利，如图 5.37 所示。连拍速度快，表明数码照相机的影像处理器的处理速度快，相应的数码照相机价位也越高。

（a）4 张连拍

（b）6 张连拍

图 5.37　连拍的数码图片

第六节　不同焦距镜头的特点和用途

本节以 135 胶片单反镜头为例，阐述不同焦距镜头的特点和用途。

镜头是数码照相机的重要光学组成元件，它由透镜组成，起着透光成像的作用。按照焦距的不同，镜头可以分为标准镜头、短焦距（广角）镜头、长焦距镜头等。

如图 5.38 所示的三张照片是在不同距离，分别使用 28 mm、50 mm、135 mm 镜头拍摄的，在画面上形成同样大小的塑像，但是透视感却很不相同。用 28 mm 短焦距（广角）镜头拍摄的背景上的景物很小，空间感最强烈。用 50 mm 镜头拍摄的照片，景物大小比例和透视关系正常，与人眼看到的基本一致，符合人的视觉习惯，令人感到特别亲切、自然。

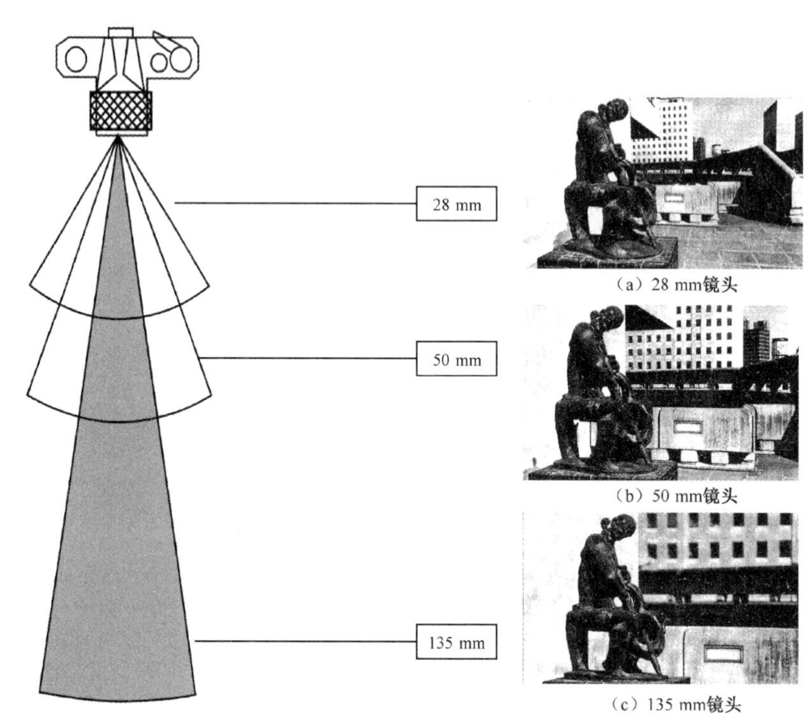

（a）28 mm镜头

（b）50 mm镜头

（c）135 mm镜头

图 5.38　在不同距离上分别使用不同焦距镜头拍摄的图片

焦距转换系数

绝大多数的数码单反照相机，其感光面积大小不一（135 胶片所摄画面尺寸为 24 mm×36 mm），这主要是受感光元件的制作工艺和成本的限制。

感光元件面积的变化，带来了拍摄视角的显著差异，在配合数码单反照相机和传统全幅单反照相机进行拍摄时，由于拍摄视角完全不同，因此，焦距转换系数就诞生了。

数码单反照相机转换成 135 画幅单反照相机的等效焦距=镜头焦距×转换系数

（注：尼康相机的转换系数为 1.5，佳能相机的转换系数为 1.6）

常见数码专用镜头的等效焦距列表参见表 5.2。

表 5.2　常见数码专用镜头的等效焦距列表

数码专用镜头焦距/mm	12～24	18～55	18～70	18～135	18～200	18～250	50～135
单反照相机使用时的等效焦距/mm	27～85.5	27～105	27～205.5	27～300	27～36	27～375	75～205.5

如何把我们手中的各种镜头充分利用起来，并针对不同的拍摄情况，发挥它们的优势呢？这需要你了解不同焦距镜头的特点和用途，以便把各种镜头的优势恰到好处地用到

“刀刃”上。

一、标准镜头

标准镜头是最常用的一种镜头，传统135胶片照相机的标准镜头焦距为50mm，它的视场角在53°左右。标准镜头有下述特点和用途。

1．具有亲和力的视觉感受

用标准镜头拍摄的景物范围视角接近人眼视角，是人眼观察景物的正常效果，拍摄的画面景物透视关系正常，符合人眼的视觉习惯。如图5.39所示，用标准镜头拍摄的照片，透视关系与人眼看到的基本一致，令人感到特别自然、逼真。

图5.39　使用标准镜头拍摄的图片（王朋娇 摄）

2．拍摄题材非常广泛

标准镜头能够胜任旅游、风光、人像、生活、都市风貌，以及小型团体照片的拍摄等。

3．成像质量相对较高

各厂家生产的标准镜头通常技术成熟，各种像差都能得到较好的矫正。

二、广角镜头

广角镜头的焦距为20～35 mm，比标准镜头的焦距短。广角镜头的特点是视场角大，视野广，一般约在 75°～110°，用它能在有限的距离内拍摄大面积的场景，并能突出景物远近、大小的对比，增加纵深场景的层次感，使透视关系有不同程度的夸张甚至变形，给人以空间深远、伸展的感觉。广角镜头有下述特点和用途。

1．以表现场面和气势见长

广角镜头适用于一般生活、旅游、风光、场面和全景照片等摄影，在室内拍摄中尤为见长。使用广角镜头拍摄，可以增加画面的容量，如图5.40所示。

图 5.40 《风雨过后见彩虹》（蒋永廷 摄）

2．不适合拍人像特写

拍摄人的头部特写时广角镜头能把鼻子拍摄得特别大，或把伸在前面的两只手拍得大到超过全身，如图 5.41 和图 5.42 所示。

图 5.41 用 28 mm 镜头拍摄的画面

图 5.42 广角镜头拍摄的画面

3．近大远小的特殊透视效果

在近距离内摄影的，用广角镜头总是把近处的景物拍摄得大，而把远处的景物拍摄得小，这种效果就是透视感或远近感。利用广角镜头拍摄雄壮广阔的风景，为了衬托远处的景物，更好地表现空间感，在拍摄的画面中就要有意地增加前景，如图 5.43 所示。广角镜头还会产生汇聚性效果，镜头焦距越短，这种汇聚性效果就越明显。

4．更大范围的景深效果

焦距越短，景深越大。如果结合小光圈（如 f11 或 f16 等）拍摄，可拍摄出从近景到远景都清晰的图片，如图 5.44 所示。

图 5.43　《安徽绩溪家朋村》（蒋永廷 摄）

图 5.44《长春南湖公园》（田野 摄）

友情提示

使用广角镜头时应尽量将照相机端平

俯摄、仰摄时，若照相机不平，画面中心之外的直立线条都会倾斜变形，给人以不稳定的感觉。若必须将水平和垂直线条拍摄下来，则应尽量将其安排在画幅中心处，以使变形不明显，应避免水平和垂直线条位于画幅边缘。

三、长焦距镜头

焦距比标准镜头焦距长的镜头为长焦距镜头。焦距为 70～105 mm 的为中焦距镜头，焦距为 135～300 mm 的为摄远镜头，焦距为 300～2000 mm 的为超摄远镜头。长焦距镜头的特点是视场角小，一般在 45°以下。长焦距镜头具有下述特点和用途。

1．景深小且突出景物的局部

长焦距镜头能远距离拍摄被摄体较大的影像，且不易干扰拍摄对象，所以一般用于对无法接近的物体进行拍摄，如图 5.45 所示。画面构图简洁，景深小，而且拍摄的对象不会出现变形问题。

图 5.45　长焦距镜头拍摄的画面（王朋娇　摄）

2．获得压缩远近感的效果

长焦距镜头可以将远处的被摄体“拉近”，使其充满整个画面，导致拍摄的画面空间感较弱。拍摄时可以利用光线、拍摄角度、色彩的变化等，加强摄影画面空间感的表达，如图 5.46 所示。

图 5.46　《关东七彩秋》（颜秉刚　摄）

使用长焦距镜头时需要注意的事项

（1）长焦距镜头因为焦距长，镜头的长度也长，相对来说体积大，重量较重，不便携带和操纵。一般使用 200 mm 以上的镜头，就得用三脚架固定。

（2）长焦距镜头长，易晃动。拍摄时照相机稍有晃动，就会造成照片画面模糊，所以在选择快门时间时，快门时间的分母值应等于或大于该镜头焦距值。

（3）因为焦距长、景深小，所以调焦要格外小心，以保证主体清晰。

（4）长焦距镜头的透镜一般比较突出，易受光线干扰而产生光晕，最好在镜头前加遮光罩。

四、微距镜头

在微观世界里，常常有被人忽视的美丽。这种美丽一方面需要我们仔细观察和发现，另一方面需要合理使用照相机的微距拍摄功能。微距镜头又称为近摄镜头，主要应用于近距离拍摄。微距镜头的最重要指标是它的成像比例，它有可延伸的镜组，可以在很短的距离内对焦，一般能拍摄 1/2 实物大小（甚至同样大小）的图像，它所产生的图像质量也较好，可用于人像和翻拍等多种用途。

数码照相机上一般用 来表示微距功能。使用这一功能拍摄时，应将相机尽量贴近被摄体，并配合使用变焦功能，让景物在画面中占据足够大的面积，来表现微观世界中的秘密，如图 5.47 和图 5.48 所示。

图 5.47　《芦苇花正飘香》（王朋娇　摄）

图 5.48　《寻蜜》（王朋娇　摄）

五、鱼眼镜头

鱼眼镜头的光学结构与普通摄影镜头的光学结构不同。前镜片凸出在外，很像鱼的眼睛。最后一片透镜伸入机身内部，其焦距很短，焦距为 6～16 mm，视场角大于 180°，有的甚至达到 230°，因此能拍摄下照相机两侧部分的景物。鱼眼镜头存在十分严重的畸变，只有画面中心部分的直线才能被拍摄成直线，位于其他部分的直线在画面中都表现为向内弯的弧形线，而且越靠近边缘，向内弯的弧度就越大，所摄画面的大部分呈圆形，如图 5.49 和图 5.50 所示。鱼眼镜头多用于创作特殊效果的照片，如在地理学领域，用它拍摄照片以测定天顶角、方位角等；气象部门用它拍摄天空云图等。

图 5.49 《青春运动场》（孙雪霏 摄）

图 5.50 《校训》（吴炳利 摄）

第七节　数码照相机快门的种类与特点

数码照相机使用电子式快门，根据测光情况由电子延时电路自动控制曝光时间，从而实现曝光的全自动化。快门速度在一定范围内无级调节，曝光控制更加准确。通常根据构造及工作方式的不同，快门分为镜间快门和焦点平面快门两大类，如图 5.51 和图 5.52 所示。

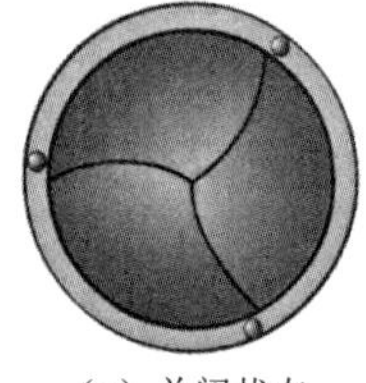

（a）关闭状态

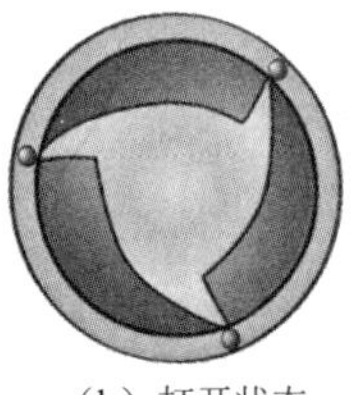

（b）打开状态

图 5.51　镜间快门

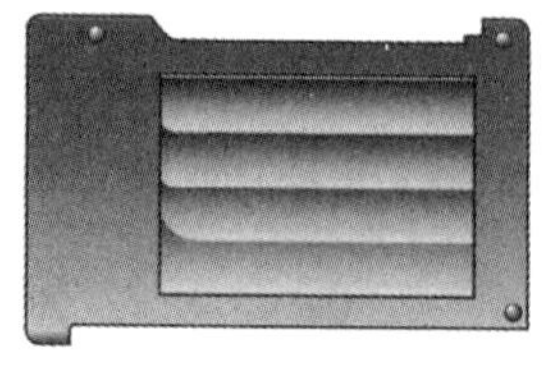

（a）关闭状态

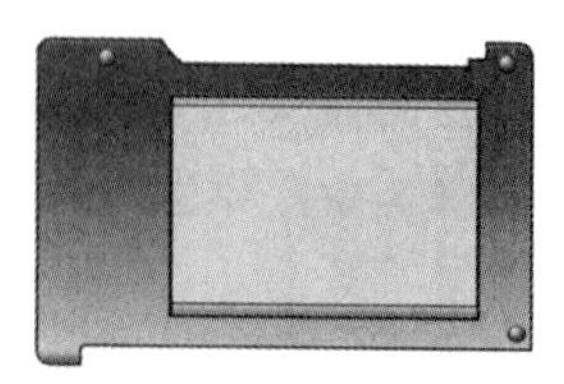

（b）打开状态

图 5.52　焦点平面快门

一、镜间快门

镜间快门最早出现在 1888 年，它在焦点平面快门发明之前一直是照相机快门的主流，目前大量简易型数码照相机还在采用这种快门。这种快门装在镜头中间，由 3～5 片金属叶片组成，不用时叶片聚合在一起遮挡光线，只有快门开启时，叶片从中间迅速张开，曝光后再及时复位，以此来完成它的计时曝光任务，如图 5.53 所示。

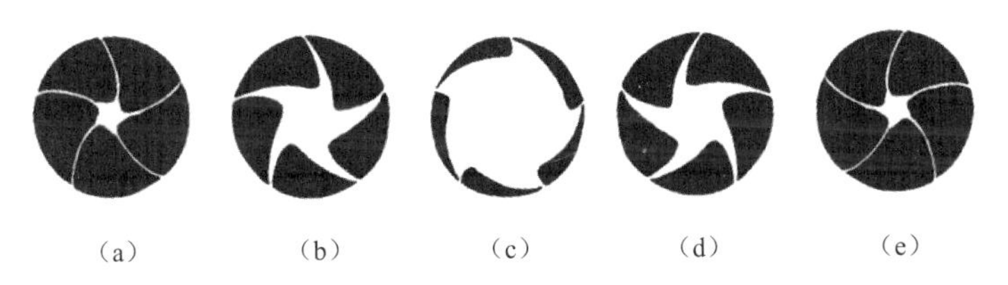

图 5.53　镜间快门的曝光过程

镜间快门坚固耐用，拍摄时不易引起震动。在拍摄曝光时，镜间快门的叶片从中心向外张开，全开后再向里关闭，整个画面同时曝光，不会产生畸变。各级快门速度均可与闪光灯同步摄影，有利于在室外用闪光灯做辅助光。但是，这种快门也存在不足，一是它的快门速度不能太高，有时不利于拍摄快速运动的物体；二是由于它装在镜头的中间，所以采用镜间快门的照相机一般来说镜头不能更换。

二、焦点平面快门

焦点平面快门位于照相机机身中，装在靠近焦点平面的位置上。数码照相机大部分采用纵走式的焦点平面钢片快门。钢片快门也称为羽翼式快门，它是用上下两组多片金属或其他材料为前后帘的一种纵走式焦点平面快门。它由质地轻、精度高、强度大、耐高温且不易老化的钛合金片、铝合金片或聚碳纤维片制成。

钢片快门打开和遮挡片窗的叶片由若干平直的小薄叶片相叠构成，这些小叶片既可迅速打开，又可彼此灵活地重叠在一起。当按下“快门”按钮时，第一组叶片即被释放，并迅速向下方叠合，第一组叶片的末片使片窗逐渐闪露出来，从而使图像传感器开始曝光。当第一组叶片末片与第二组叶片首片间的缝隙达到预定值时，第二组叶片即被释放，并迅速向下展开，遮挡片窗。结果两组叶片就以缝隙扫过整个片窗，使不同部位的图像传感器以同样的时间曝光，可见图像传感器是逐段曝光的，如图 5.54 所示。曝光时间的长短由两个叶片之间形成的窄缝宽度而定。

当曝光结束后，第一组叶片全部叠合在片窗下方，第二组叶片全部展开，将片窗遮严。

由于钢片的运动速度较快，且两钢片之间缝隙可以做得很窄，因此焦点平面快门的速度较高，现在最高速度可达到 1/8 000～1/12 000 s。

焦点平面快门主要有以下两个缺点：

（1）使用闪光灯摄影时，受到快门速度的限制，只有速度较慢的快门挡方可实现闪光同步，一般可以在 1/125 s 或 1/100 s 以下使用闪光灯摄影。这是因为闪光灯的放光瞬间较短，一般为几千分之一秒，必须在闪光灯发光的瞬间，两个钢片刚好全部打开，整个画面才能同时曝光。钢片快门采用逐段曝光，只有速度比较慢时，才存在第一片钢片开启且第二片钢片还没有移动的情况，闪光灯就会在这个瞬间闪光，让整个画面同时曝光。

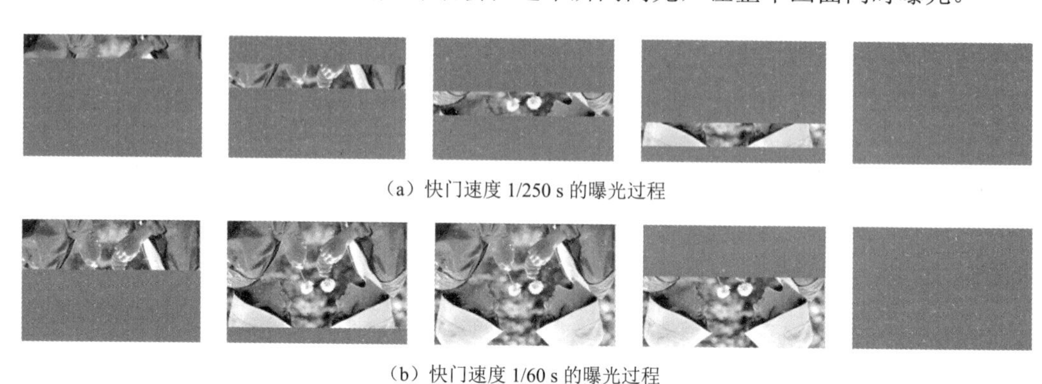

（a）快门速度 1/250 s 的曝光过程

（b）快门速度 1/60 s 的曝光过程

图 5.54　焦点平面快门的曝光过程

（2）焦点平面快门在拍摄时，反光镜弹起一瞬间会出现机械振动和噪声，且容易引起震动，使用较慢的快门速度或微距拍摄时，尤其要注意持稳照相机。

第八节　快门速度与动感表现

数码摄影是用静态的数码影像来反映动态的生活，运用不同的快门速度既可以“凝固”高速运动物体的动作，也可以获得动感强烈的画面效果。拍摄动体时，选择适当的快门速度和采用合适的拍摄技法，是表现被摄动体的动静虚实程度的关键。

在拍摄时，快门的速度高于动体的速度，就可以得到动体清晰的影像；若快门速度低于动体的速度，则得到的动体较为模糊、动感较强的某一瞬间影像。

一、“凝固”拍摄法

动体对于我们而言是司空见惯的，人、动物、自然物和人造物都可成为动体。但是，特定场合中的动体，特别是快速运动的物体，有时往往难于被看清“真面目”，而数码照相机就能记录下客观事物在瞬息万变过程中的某些不为人所见而又有价值的影像，如图 5.55 和图 5.56 所示，人物跃起的瞬间和马儿凌空腾起的威武雄姿，虽然只是一刹那的清晰静止影像，但生动地表现出运动物体的运动趋势和动态特征，这样也就寓动感于静态之中了，画面触动心弦，让人为之动容。

要使动体清晰地“凝固”，关键是要采用较快的快门速度。一般来说，1/500 s 快门速度已足以应对大多数动体，但是对于极快速的动体，就必须用更快的快门速度，如 1/2000 s。那么什么样的快门速度才是合适的呢？

“凝固”动体的快门速度取决于三个因素：动体的运动速度、动体的运动方向、动体与照相机的距离。一般的规律如下：

图 5.55 《校园青春记忆》（焦梁新 摄）

图 5.56 《一声嘶鸣涌流丹》（任德强 摄）

（1）动体的运动速度越高，所需的快门速度越快（动体的运动方向与照相机的距离不变）。

（2）动体与照相机的距离越近，所需的快门速度越快（动体的运动速度与运动方向不变）。

（3）动体的横向运动、斜向运动和竖向运动中，横向运动所需要的快门速度最快，斜向运动次之，竖向运动更次之（动体的运动速度与照相机的距离不变）。

拍摄运动物体中，照相机在不同角度、不同距离时的快门速度变换示意，如图 5.57 所示。

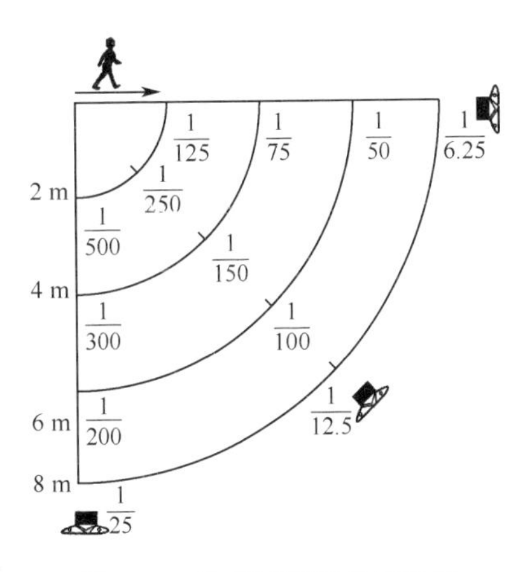

图 5.57　快门速度变换示意图

“凝固”拍摄时，需要注意以下几个问题：

（1）最好使用数码照相机的快门优先拍摄模式。

（2）调焦要精确。因为经常要在远距离拍摄动体，所以需要使用长焦距镜头，若焦距长，则景深小。如果调焦不准，动体就会模糊不清。

（3）持稳照相机。长焦距镜头由于镜头较长，使用时易于抖动，所以需要稳稳握住照相机，必要时应尽可能使用三脚架固定。

“凝固”不同动体所需要的快门速度

（1）慢步行走、手势：1/500 s。

（2）快步行走、时速为 16～24 km 的车辆：1/1000 s。

（3）体育运动、跑步、时速为 32～64 km 的车辆：1/2000 s。

（4）奔跑的动物、飞鸟、时速约为 105 km 的车辆：1/4000 s。

二、慢门拍摄法

慢门摄影就是用 1/30 s 以下的快门速度拍摄，包括 B 门或 T 门在内的摄影，有时也指被摄体运动速度较快而快门速度较慢的摄影。用慢门拍摄运动的物体，可以将运动的物体（如瀑布、溪流、摇动的树叶、运动的身影等）拍成虚影，有力地烘托出动体的运动状态，如彩图 16《京剧动感》所示。

如彩图 12 所示，《起跑》是在运动员起跑瞬间用慢门拍摄的，起跑运动员的影像为模糊虚影，表现出很强的动感。

图 5.58 为乔治 • 泰德曼拍摄于 2004 年雅典奥运会的《雅典旋风》。远处一珀特农神庙清晰可见，它是雅典的标志、永恒的象征。画面前端则是飞驰而过的自行车运动员，极具动感。动与静、清晰与模糊的结合，使这张照片韵味十足。

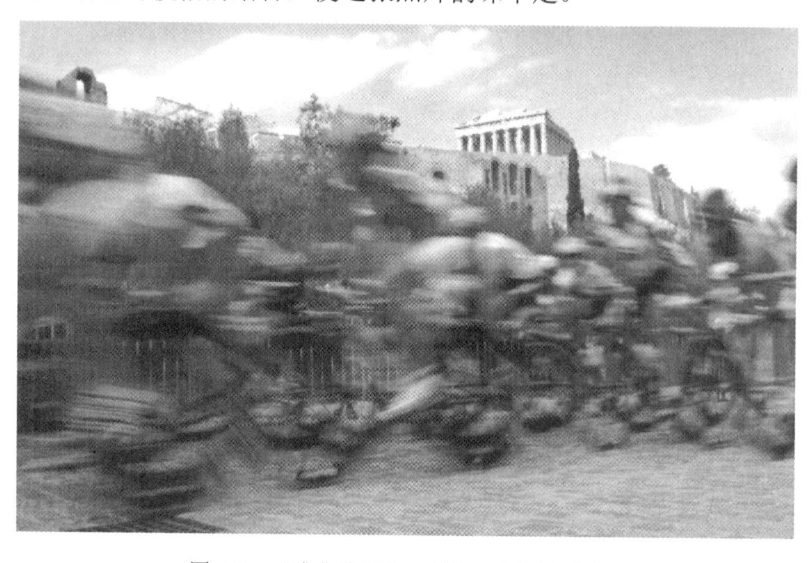

图 5.58 《雅典旋风》（乔治 • 泰德曼 摄）

点石成金

用慢门拍摄时，画面上要有虚有实

使用慢门拍摄时，不管拍摄对象是什么，照片上的景物都必须有虚有实，相互陪衬，使人容易辨认和理解拍摄者的意图。

如果只拍摄了远动物体的一片模糊虚像，画面上就很难辨别运动物体的基本内容。在取景时，要有意识地选取一小部分静止的景物，做虚影的衬托，才能达到虚实相衬的目的。例如，为了表现繁华城市夜晚车如流水的感觉，可以采用慢门（B 门）拍摄，运动的汽车车灯在图像传感器上移动曝光后会形成流水一样的线条，但在拍摄时要有意拍摄马路上清晰的路标，用清晰的路标表明环境的特点，以渲染车如流水的气氛。

三、追随拍摄法

追随拍摄法也是采用慢门拍摄的一种方法，是表现快速运动物体的一种常用技法。拍摄时，拍摄者要随运动物体的运动方向转动照相机，在追随转动中按下“快门”按钮。拍摄的画面效果是动体清晰，而背景和前景因照相机的移动而成横线状虚影，如图 5.59 和彩图 15 所示，突出主体、气氛强烈，给人以飞速运动之感。

追随拍摄时，两脚要站稳，双臂轻轻夹住身体，把照相机紧靠脸部，让照相机与头部作为一个整体来转动。拍摄时，先从取景框里选好被摄体的位置（预先对被摄运动体要到达的位置调好焦距），然后按动体运动的方向，相应转动照相机，并在转动中保持动体在取景框中的位置不变，待运动物体与照相机大约成 75°～90°角（动体运动方向到拍摄点所形成的夹角）时按下“快门”按钮，如图 5.60 所示。

图 5.59 《冲刺》（邓璞玉 摄）

快门打开
照相机追随区
动体的运动路线

图 5.60 追随拍摄法照相机运用示意图

注意：按下“快门”按钮时，应继续转动照相机，不要停止。

友情提示

用追随拍摄法拍摄时的注意事项

追随拍摄法较难，不易掌握，必须反复实践。

（1）首先，选择好快门速度，一般用 1/30 s 或 1/60 s，最快不超过 1/125 s。快门速度快，动感不强；快门速度太慢，技术上不易掌握，主体容易模糊。

（2）其次，选择好拍摄点。拍摄点的选择既要考虑背景，又要考虑光线。为了使照片主次分明、对比强烈、动感显著，背景宜选用深色的、呈纷乱状态的物体，如树丛、人群、深色房屋等。这样，在照相机转动时，才能出现明显的模糊线条，有利于用深色背景的虚动与明亮物体的清晰之间形成强烈对比来表现动感。在用光方面最好用逆光或侧逆光拍摄，因为逆光照明，能使运动物体的轮廓清晰明亮、空间感较强，更有利于突出主体，为画面增色添辉。

四、变焦拍摄法

变焦拍摄是在曝光过程中改变镜头的焦距（推拉或旋转变焦镜头的变焦环），得到的画面效果是主体清晰而周围景物呈放射状模糊。如彩图 4 所示，是钟光葵在 1982 年拍摄的《黄金时代》，就是以变焦镜头的推拉技巧，展现出一幅体操运动员腾飞英姿的传神写照。盛开的油菜花被虚化为放射状的线条，凸显着姿态优美的主体形态。画面新颖独特，耐人寻味。

变焦拍摄时需注意以下几点：

（1）宜用推拉变焦镜头，须将照相机固定在三脚架上。

（2）快门速度不能太快或太慢。太快，放射线条不明显；太慢，主体模糊不易分辨。快门速度白天可以选择 1/2～1/30 s，夜景可以选择 1 s 或 1 s 以上。

（3）宜选用主体上、下、左、右都有丰富明暗变化的景物做背景，因为放射线条就是由明暗光点在变焦中造成的。

（4）按下“快门”按钮与变动焦距动作必须同时进行，变动焦距时宜从长焦距拉向短焦距。

第九节　数码照相机的维护与保养

数码照相机属于精密设备，正确的维护和保养可以使照相机保持良好的工作状态，延长照相机的使用寿命。使用数码照相机时，应从以下几个方面进行维护与保养。

一、正确使用

使用数码照相机前务必认真阅读说明书，严格按照说明书的要求使用，切忌强行使用，以免损坏照相机。

二、镜头的保养

镜头是数码照相机的关键部件，直接影响成像质量。保养数码照相机镜头要注意以下几个方面。

（1）注意保持镜头的清洁。不要用手指触碰镜头表面，以免留下手印。摄影镜头落有灰尘时，不要用脱脂棉、手帕、面巾纸等擦拭，以防将镜片划伤。镜头表面有较多灰尘时，可用橡皮吹气球吹掉。为了保护镜头，可在镜头前安装一片滤紫外线的 UV 保护镜。它可以滤除紫外线的干扰，使拍摄出的照片更加清晰。

（2）对于数码照相机镜头，平时要防潮、防震、防碰撞、防摩擦、防雨淋、防日晒、防风沙、防温度骤变、防腐蚀气体侵袭等。

（3）不拍摄时，应随手盖上镜头盖。更换镜头时，对卸下的镜头应立即盖上后端保护盖。

（4）不拍摄时，应把摄影镜头调焦环调至无限远挡，把光圈调至最大，缩回变焦环和微距环，以改善摄影镜头的抗震性能。

（5）摄影者不宜自行拆卸摄影镜头，因摄影者一般无光学测试仪器，在拆卸后，很难恢复原镜头的装配和调校精度，从而影响成像质量。

（6）在冬季拍摄时，从寒冷的环境进入温暖的室内时，不要急于取出照相机，以免镜头和机身凝结水珠。

三、LCD 的保养

LCD 是数码照相机的“窗口”，通过它可以观察被摄景物的情况，便于构图。LCD 镀有一层抗强光膜，很容易受到损伤，在使用中需要特别加以保护，注意以下几点。

（1）数码照相机使用、存放中，避免重物挤压或利器划伤 LCD。

（2）用镜头纸擦拭 LCD 表面，不能使用有机溶剂清洗。

（3）有些 LCD 显示的亮度，会随着温度的下降而降低，属于正常现象，不必维修。

四、正确存放

1. 远离强磁场与电场

数码照相机是光电一体的精密设备，光电转换是其成像的主要工作原理，关键部件如图像传感器、数字影像处理器等的芯片对强磁场和强电场都很敏感，它会影响这些部件性能的正常发挥，直接影响到拍摄质量。因此，不要把数码照相机放在强磁场或强电场（如音响、电视机、大功率变压器、电磁灶等）附近。

2. 忌湿防潮

数码照相机应存放在干燥、通风的地方，切忌潮湿、高温和有害气体。因为高温潮湿很容易导致照相机电路故障，也易使镜头发霉。数码照相机长期不使用时，应该取出电池。

3. 避免剧烈震动

数码照相机内部有精密的电路系统，剧烈震动会影响数码照相机的成像精密性能，照相机内的电子器件和镜头也会受到损害。在实际拍摄过程中，要注意把照相机套在手腕或脖子上，避免摔落。

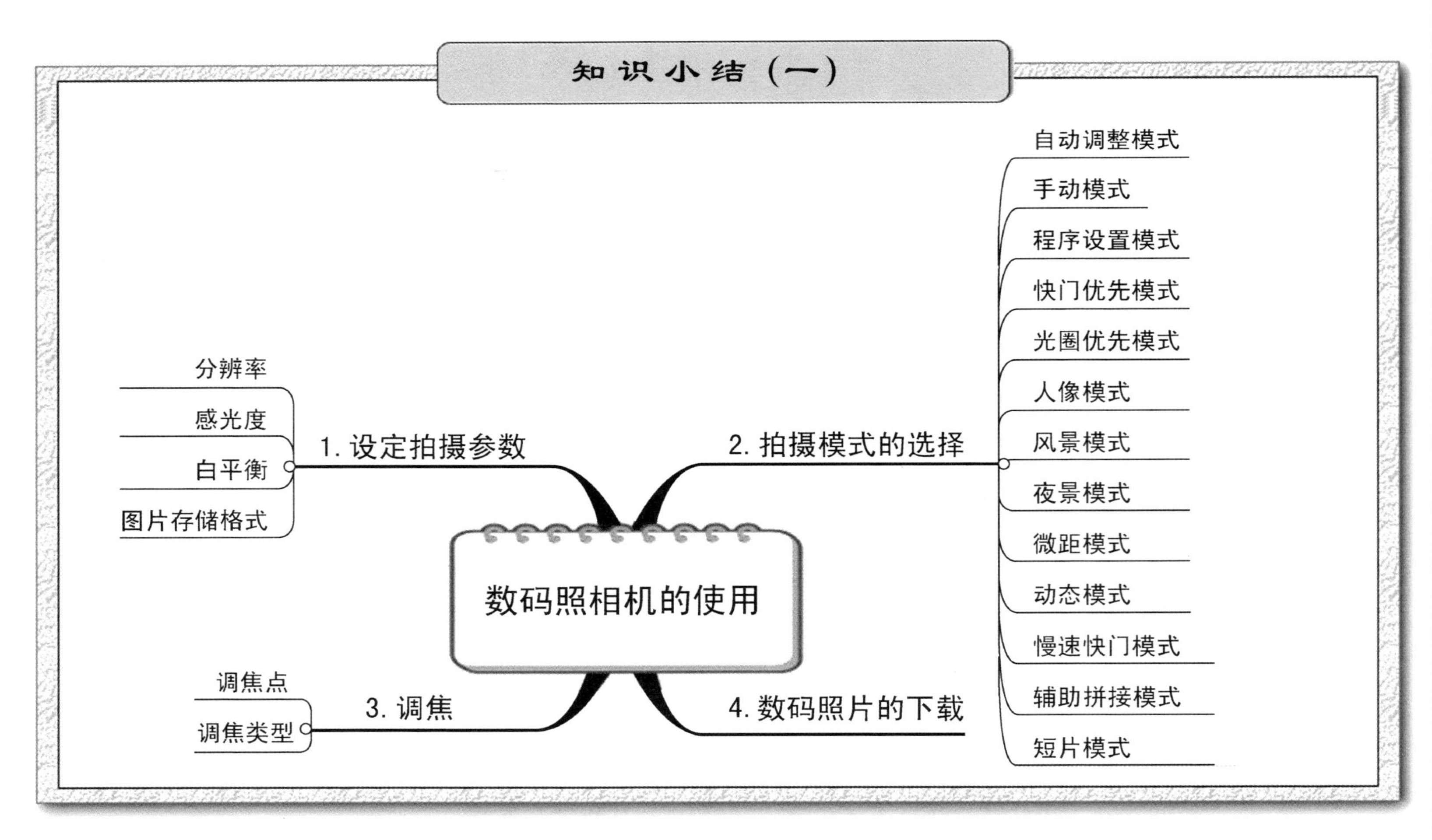
知识小结（一）
数码照相机的使用
1. 设定拍摄参数
分辨率
感光度
白平衡
图片存储格式
2. 拍摄模式的选择
自动调整模式
手动模式
程序设置模式
快门优先模式
光圈优先模式
人像模式
风景模式
夜景模式
微距模式
动态模式
慢速快门模式
辅助拼接模式
短片模式
3. 调焦
调焦点
调焦类型
4. 数码照片的下载

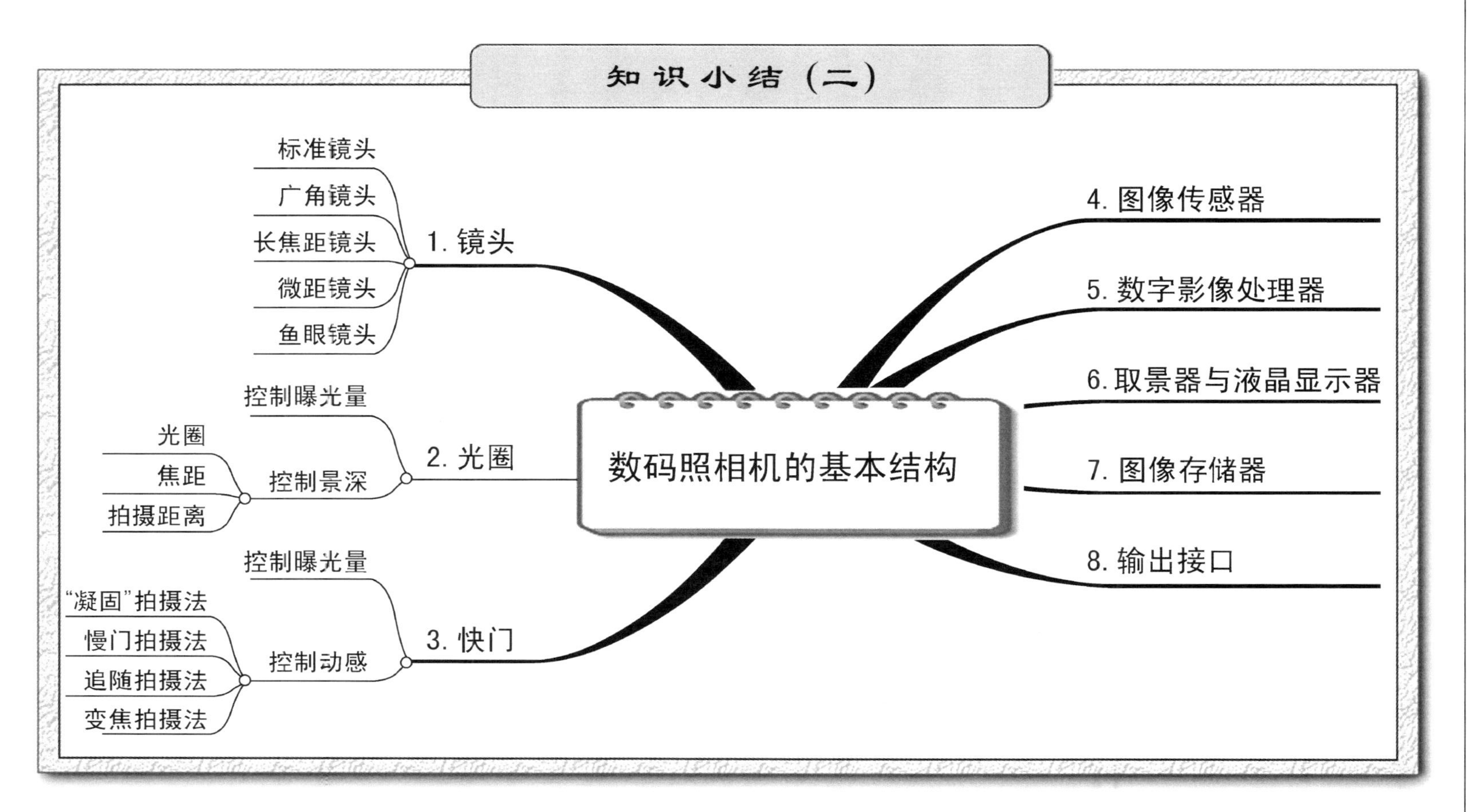
知识小结（二）
数码照相机的基本结构
1. 镜头
标准镜头
广角镜头
长焦距镜头
微距镜头
鱼眼镜头
2. 光圈
控制曝光量
控制景深
光圈
焦距
拍摄距离
3. 快门
控制曝光量
控制动感
“凝固”拍摄法
慢门拍摄法
追随拍摄法
变焦拍摄法
4. 图像传感器
5. 数字影像处理器
6. 取景器与液晶显示器
7. 图像存储器
8. 输出接口

项目实践

成长中的友谊

大河，总有一脉清澈的源头；青春，总有一个馨香的起点。金秋九月，带着无限憧憬的我们步入大学时代，开始了追逐青春梦想的全新旅程。您好，敬爱的老师！你好，亲爱的同学！四年的朝夕相处，我们将从陌生到熟悉，由相识变相知，追求同一个目标，分享同一份快乐。这期间，该有怎样动人的故事啊，友谊就这样在颦笑间萌生，在关怀中长成壮硕的大树。让我们拿起数码照相机，拍摄记录每一个美好的瞬间，见证并祝福这份成长中的友谊吧！

首先，让我们以小组为单位，明确组内分工，策划一个可行的拍摄方案。然后，用数码照相机抓拍或组织拍摄大学友谊的精彩瞬间，为数码照片拟定一个生动形象、内涵丰富的题目。我们可以借助 Photoshop 等软件对照片进行编辑润色，增添作品的艺术气息。最后，让我们把饱蘸浓情、承载友爱的作品上传到校友录或班级网站上展示交流，由大家评选出优秀的数码照片，还可以用 PowerPoint、Word、Frontpage、Flash 等软件把优秀作品编辑成电子演示文稿、电子相册、出版物、网页，等等。

这个主题任务可以贯穿在整个大学时代，这段友谊也会伴随着我们的成长而成长。多年以后，每当翻开相册，教室里、操场上、绿荫下、花丛间一个个生活和学习的细节、一个个亲密无间的伙伴、欢笑抑或泪水都会使我们的思绪飞回到那段纯真快乐的大学时代——珍贵的友谊已经记录在瞬间世界里，并化为永恒定格在我们心中。

项目作品赏析

“迎新生”是每个大学的传统活动之一，从新生进入校园的那一刻起，新生就感受到了感动，感受着老生无微不至的关怀，感受着学校悉心安排的温馨，这份感动还将在明年的“迎新生”活动中传递下去（见图 5.61、5.62、5.63）。（文_王洪英）

图 5.61 《欢迎你，大一新生》（曹政 摄）

 摄影项目习作赏析（见图 5.62、图 5.63）

图 5.62 《渴望》（宋烨 摄）

图 5.63 《升起希望》（张晗 摄）

 数码图像处理实战

动感照片的制作

1．项目实战说明

利用 Photoshop CC 菜单中的“滤镜”→“模糊”→“动感模糊”和“径向模糊”命令，分别制作追随拍摄法和变焦拍摄法效果照片，如图 5.64 和图 5.65 所示。

图 5.64　制作追随拍摄的动感效果图

图 5.65　制作变焦拍摄的动感效果图

2．实战步骤

（1）在 Photoshop CC 中打开第五章“项目实战”文件夹中的图片素材“赛马”。单击工具箱中的磁性套索工具，沿着人物和马的边缘创建一个选区（无须精确选区）。

（2）单击菜单栏中的“选择”→“羽化”命令，打开“羽化”对话框，将“羽化”半径设置为“20”像素，然后单击“确定”按钮，得到一个羽化的选择区域。

（3）单击菜单栏中的“选择”→“反选”命令，将选择区域做反选处理，得到背景的选择区域，如图 5.66 所示。

（4）单击菜单栏中的“滤镜”→“模糊”→“动感模糊”命令，打开“动感模糊”对话框，如图 5.67 所示。将“角度”设定为“0”度，“距离”设定为“45”像素，然后单击“确定”按钮。单击菜单栏中的“选择”→“取消选择”命令，得到如图 5.64 所示追随拍摄的动感效果。

注意：“角度”用于设定动感模糊的方向；“距离”用于设定动感模糊的程度。

图 5.66　背景的选择区域

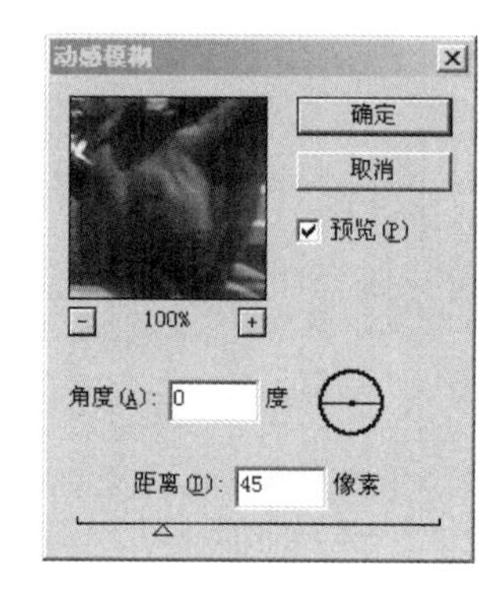

图 5.67　“动感模糊”对话框

（5）单击菜单栏中的“文件”→“另存为”命令，保存图像。

（6）在 Photoshop CC 中打开第五章“项目实战”文件夹中的图片素材“滑雪”，同追随拍摄法制作如图 5.68 所示的背景选区。

（7）单击菜单栏中的“滤镜”→“模糊”→“径向模糊”命令，打开“径向模糊”对话框，如图 5.69 所示。单击“确定”按钮后，再单击“选择”→“取消选择”命令，得到如图 5.65 所示的变焦拍摄效果。

图 5.68　背景的选择区域

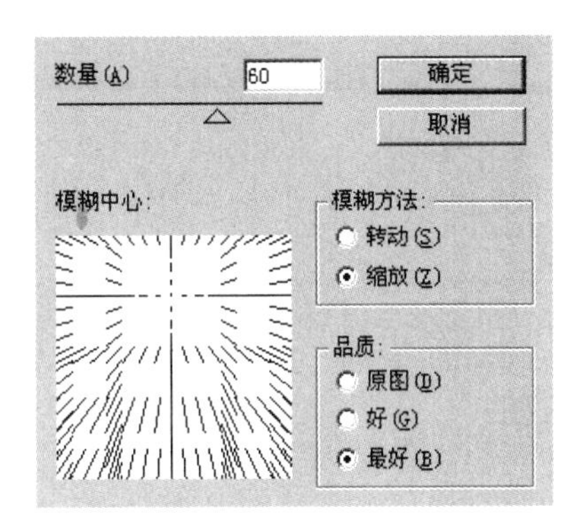

图 5.69　“径向模糊”对话框

注意：“模糊中心”用于设定模糊的中心点，它根据图像窗口中的需要做径向模糊的中心对象的位置而设定中心点，可以通过单击或拖动的方法来设定模糊中心点。

（8）滤镜能够使图像产生各种特殊的效果，具有非常神奇的作用。Photoshop CC 的所有滤镜都按类别放在“滤镜”菜单中。尽管滤镜种类繁多，但是使用方法都很简单，然而，要把滤镜应用得恰到好处却不容易，除要有美术功底外，还需要对滤镜有操控力和想象力，多多练习，尝试每一个滤镜的效果，只有这样才能掌握其精髓、有的放矢地应用滤镜，从而创作出具有迷幻色彩的摄影作品。

思考题

（1）数码照相机的拍摄模式有哪些？掌握在拍摄时选择拍摄模式的具体应用。

（2）如何正确握持数码照相机？

（3）摄影时为什么要调焦？如何选择调焦点？

（4）自动调焦的常见类型有哪些？

（5）数码照相机的基本结构包括哪些？

（6）何谓光圈？光圈系数按照进光量由大到小的排列顺序？

（7）何谓景深？影响景深的因素有哪些？

（8）数码照相机的性能指标有哪些？

（9）掌握不同镜头的特点和用途。

（10）掌握数码照相机快门的种类与特点。

（11）何谓快门？快门速度由快到慢是如何排列的？快门的主要作用是什么？

（12）掌握凝固拍摄、慢门拍摄、追随拍摄、变焦拍摄的具体方法和应用。

（13）数码照相机的镜头和 LCD 如何保养？如何正确存放？

第六章　数码照相机的曝光与测光

✧　概念

1. 曝光　曝光量　照度　亮度　正确曝光　EV 值
2. 测光原理　测光方法　测光模式　直方图　曝光补偿　包围曝光

✧　拍摄实践

按照数码照相机测光的曝光组合进行曝光，拍摄后浏览画面，分别找出曝光正确、曝光过度、曝光不足的数码照片。

1. 拍摄一组风景数码照片。
2. 在自然光线条件下，拍摄暗色调主体，如深色岩石、暗绿色的树叶和植物、黑板等。
3. 在自然光线条件下，拍摄亮色调主体，如沙滩、白雪、白墙、白色花朵等。
4. 拍摄暗背景前的亮色调主体，如穿白衣服的人站在黑板前或站在深色植物前等。
5. 拍摄亮背景前的暗色调主体，如雪地上的黑木雕、雪山上黑的洞口等。
6. 在自然光线条件下，选择层次丰富、不同明暗色调的物体进行拍摄。
7. 选择早晨或傍晚进行拍摄，在数码照相机测光的曝光组合读数的基础上增加一挡或两挡曝光量进行曝光。

- 曝光是摄影的基本技术，同时，曝光也是摄影艺术的一种表现手段。
- 我们所面对的是一个五彩缤纷、层次丰富、光线变化无穷的世界。数码摄影的目的就是记录现实生活中富于变化的各类事物，这一切取决于是否正确曝光。
- 曝光在摄影中意义重大，直接影响数码摄影作品的影调层次、清晰度和色彩等。
- 曝光有技术标准和艺术标准之分。
- “工多艺熟”，要想“艺熟”就必须“工多”。拍摄数码摄影时，针对不同的情况采用不同的拍摄技术和技巧多拍摄一些摄影作品，注意记录拍摄时所用的照相机参数设置和光线条件，然后研究结果，总结出最佳拍摄条件及最佳设置。

第一节　数码照相机的曝光与曝光量

一、曝光（Exposure）

拍摄时控制数码照相机的光圈和快门速度，让外界景物所反射的适量光线通过镜头到达图像传感器上形成影像，这个过程称为曝光。曝光之后，数码照相机经过运行复杂的自动程序，就可以得到一张完整的数码摄影作品。

影响数码照相机的曝光因素有 4 个：光线的强弱、ISO 感光度的大小、光圈大小和快门速度。数码照相机曝光的过程就是依据光线的强弱、ISO 感光度的大小，调整光圈大小与快门速度，让适量的光线到达图像传感器。

二、曝光量

曝光量定义为图像传感器所接受的光量，曝光量用 H 表示，公式表达为

$$H = E \cdot t$$

式中　E——照度，单位为勒克斯（lx）；

t——感光材料受到光线照射的时间，单位为秒（s）；

H——单位为勒克斯·秒（lx·s）。

知识链接

1. 照度

照度又称为投射光，是描述被摄体受照表面被照明的程度。照度定义为单位面积上所接受的光通量。照度用 E 表示，公式表示为：

$$E = \frac{\Phi}{A}$$

式中 Φ 为光通量，单位为流明（lm）；A 为受照面积，单位为平方米（m^2）。

照度的大小与光源的发光强度有关。光源的发光强度越大，则照度越高。如果光源的发光强度不变，照度与距离平方成反比关系，则光源距离被摄体越近，被摄体的照度就越高。

这一规律适用于发光均匀的点光源。对于太阳来说，它与地球的距离可以看成无限远，而拍摄距离的变化可以忽略。因此，太阳被当成平行光源，而不是点光源。太阳照射到地球上的照度是均匀的。照度与被摄景物表面的反光特性无关。一旦光源的强度与位置确定了，被摄体的照度也就确定了。不论被照物是什么物体，如在某一光源、同一距离处放一个白色石膏与一个黑色木雕，分别测量二者的照度，发现二者的照度是一样的。不同环境下的照度参见表 6.1 所示。

表6.1　不同环境下的照度

景物及环境	黑夜	月夜	能辨别方向	阴天室内	阴天室外	晴天室内	晴天树荫下	晴天室外
照度/lx	0.001～0.002	0.02～0.2	≤0.1	5～10	50～500	100～1000	1000	10 000～100 000

2. 亮度

反光面或透光面在人眼观察方向看到的明暗程度称为亮度。亮度与被射体受到光线照射的照度 E、被射体的反光率ρ有关，用 B 表示，公式表示为：

$$B = \frac{E\rho}{\pi}$$

式中 B 为亮度，单位为坎德拉（cd）；E 为照度；ρ为被摄体的反光率， π 为圆周率。

在相同的照度下，被摄体反光率越高，其亮度就越高；反光率相同的被摄体，受到照射的照度值越高，则其亮度值也越高。

反光率ρ是描述被摄体表面对光线反射程度的参数。反光率被定义为反射的光通量与入射的光通量之比。反光率ρ通常用百分比表示。自然界中的物体反光率介于 0～100%之间，根据人眼的习惯，ρ在 40%以上的物体，给人的印象是白色或浅色的；ρ在 10%以下的物体给人的印象是黑色的，介于二者之间的是中等反光率的物体。不同物体的反光率参见表 6.2。

表6.2　不同物体的反光率

物体	新雪	光亮瓷器	白石膏	白纸	白布	浅肤色	水泥	绿叶	深肤色	砖墙	黑纸	黑漆	黑布	黑线绒
ρ/%	95	90	90	76	50	38	28	20	20	12	8	4	1	0.8

三、正确曝光

正确曝光有两层含义：第一层含义是真实、客观地记录现场的光线、色彩、影调；第二层含义是正确表达作者的创作思想、意图和感情，使画面有较强的艺术感染力。曝光准确时能得到清晰而真实的影像，曝光不足或曝光过度都会降低影像的质量。

图 6.1　曝光过度

（1）曝光过度。表现在摄影作品上，影像浅淡，景物明亮部分全是白的，分不出层次，色彩亮度较高，但饱和度差，像褪了色一样，如图 6.1 所示。

（2）曝光正确。表现在摄影作品上清晰度高，色彩还原好，能够充分记录被摄景物的明暗关系及所有细节，同时被摄景物影调层次表现丰富，如图 6.2 所示。

（3）曝光不足。表现在摄影作品上影像灰暗，不通透，景物反差较小，暗部无层次，色彩不鲜艳，如图 6.3 所示。

图 6.2　曝光正确

图 6.3　曝光不足

四、倒易律

倒易律是指相同的曝光量可由一系列不同的光圈和快门速度组合而成，光圈的改变可由快门速度的相应变化补偿，可以说光圈和快门是互相配合、互相补偿的关系。光圈越大，快门速度应该越快；光圈越小，快门速度应该越慢。如图 6.4 所示，在正常的照明条件下，无论是用高速快门配以大光圈，或用慢速快门配以小光圈，图像传感器得到的曝光量是一样的，即开大一级光圈并提高一级快门速度，图像传感器上获得的曝光量是不变的。

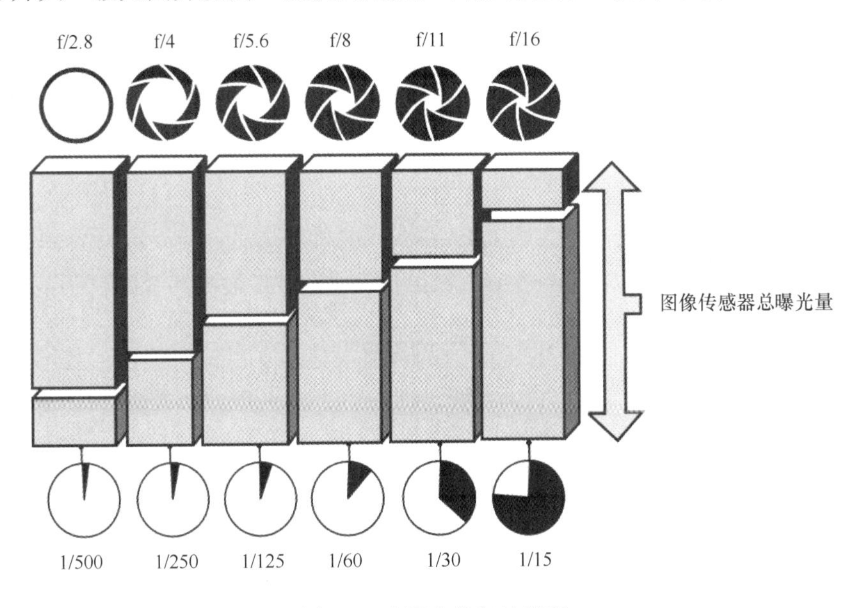

图 6.4　光圈和快门的搭配

例如，测光表指示光圈 f/8、快门速度 1/60 s 的曝光组合，那么以光圈 f/5.6、快门速度 1/125 s；光圈 f/4、快门速度 1/250 s；光圈 f/2.8、快门速度 1/500 s，光圈 f/11、快门速度 1/30 s；光圈 f/16、快门速度 1/15 s 等搭配都可以得到完全相同的曝光量。

五、EV 值（Exposure Value）

曝光量由光圈大小和快门速度共同控制，由此可以用快门与光圈来描述曝光量。相同的曝光量可以有一系列不同的光圈与快门速度组合。为了描述方便，用 EV 来表示，意思是曝光值。EV 值和光圈、快门速度的关系用公式表示为：

$$\mathrm{EV} = 3.321\lg\frac{\mathrm{f}^2}{t}$$

例如，光圈为 f/4、快门速度为 1/60 s，曝光组合的 EV 值为

$$\mathrm{EV}=3.321\ \lg\frac{4^2}{\frac{1}{60}}=3.321\ \lg\,(16\times60)=10$$

同理，可以求得光圈为 f/5.6、快门速度为 1/30 s；光圈为 f/2.8、快门速度为 1/125 s；光圈为 f/8、快门速度为 1/15 s 的曝光组合的 EV 值，以及所有曝光量与光圈为 f/4、快门速度为 1/60 s 等价的曝光组合，它们的 EV 值也是 10。表 6.3 列出了不同光圈、快门速度所对应的 EV 值。

表 6.3　不同光圈、快门速度所对应的 EV 值

t/s \ EV 值 \ f	1	1.4	2	2.8	4	5.6	8	11	16	22	32
1	0	1	2	3	4	5	6	7	8	9	10
1/2	1	2	3	4	5	6	7	8	9	10	11
1/4	2	3	4	5	6	7	8	9	10	11	12
1/8	3	4	5	6	7	8	9	10	11	12	13
1/15	4	5	6	7	8	9	10	11	12	13	14
1/30	5	6	7	8	9	10	11	12	13	14	15
1/60	6	7	8	9	10	11	12	13	14	15	16
1/125	7	8	9	10	11	12	13	14	15	16	17
1/250	8	9	10	11	12	13	14	15	16	17	18
1/500	9	10	11	12	13	14	15	16	17	18	19
1/1000	10	11	12	13	14	15	16	17	18	19	20

用表 6.3 可以很方便地找到同一曝光量的不同曝光组合。EV 值相差 1，则曝光量相差一挡或者相差一级光圈。EV 值也可以用来表示照相机的一些技术指标，以及表明照相机测光表的测光范围。大多数测光表也以 EV 值来显示所测得的亮度或照度。

EV 值也可以不是整数。例如，光圈为 f/6.7、快门速度为 1/125 s，则 EV 值为 12.5。

第二节　测光表的测光原理与测光方法

将被摄体的形态、色彩、质感等完美地表现出来，获得高质量的影像效果，是以正确曝光为前提的，而正确的曝光又离不开准确的测光。了解测光表的测光原理和使用技巧有助于提高曝光的成功率。

目前的测光表都兼有测量入射光和反射光的两种功能。根据测光方式的不同，测光表分为反射式测光表、入射式测光表和点式测光表，如图 6.5 所示。

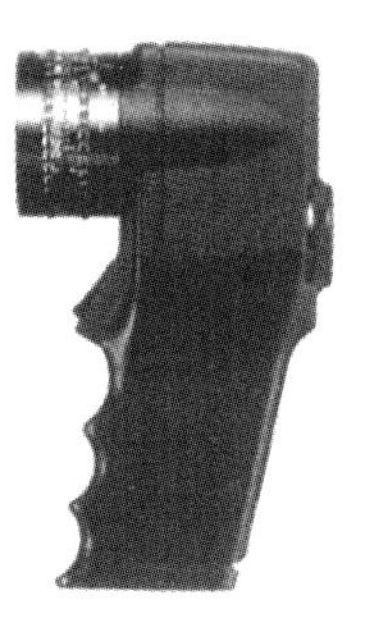

图 6.5　测光表

一、反射式测光表

反射式测光表测定的是被摄体反射光线的亮度，所以反射式测光表又称为亮度测光表。照相机内部的测光系统都是反射式测光表，它易受物体表面反光率的影响。这种测光表都装有限制计量受光范围的装置，其受光范围根据用途不同而各异。普通测光表的受光范围在 45°～55°角，与标准镜头的视场角基本相同。

1. 反射式测光表的测光原理

反射式测光表对于任何被摄体都是按基准反光率——18%的中灰色调进行测光的，反射式测光表是没有视觉的。不管把反射式测光表对准什么色调的物体进行测光，它都“认为”被摄对象是反光率为 18%的中灰色调，并且提供再现反光率为 18%的中灰色调的曝光量。把反射式测光表对准白色物体或黑色物体时，它不能感觉物体是白色还是黑色，也不能决定是否应该再现为白色或黑色。反射式测光表所能做的，只是指出测光对象的亮度有多大，然后指出把这种测光亮度再现为反光率为 18%中灰色调需要怎样的曝光组合。

拍摄时，如果被摄对象是反光率为 18%的中灰色调，包括各种景物的综合亮度是 18%中灰色调时，按照照相机测光读数推荐的曝光组合就能产生正确的曝光。在正常光线照射的情况下，按照反射式测光表提供的曝光数据可以正确还原我们看到的景物。这是因为在均匀的光线照射下，被摄景物中亮色调、中间色调以及暗色调混合后，会产生一种反光率接近 18%的中灰色调，所以按照测光表提供的数据拍摄能得到正确的曝光。

但当被摄体以浅亮色调为主，如在天空、波光粼粼的水面、雪地、白墙等大面积亮背景前拍摄时，或逆光拍摄时，按照测光表获得的数据曝光通常会产生曝光不足的现象。例如，拍摄白雪时，将反射式测光表对准白雪测光时，它不认为白雪是白色的，而认为白雪是反光率为 18%的灰色，并提供把白雪再现为灰色调所需的曝光数据，从而白雪被拍成灰色的雪，产生曝光不足，如图 6.6 所示。在实际拍摄时，为获得准确的影调和色彩再现，需要增加 1～2 挡的曝光量，图 6.7 就是在测光数据基础上增加两挡曝光量拍摄的，白雪颜色还原正常。

当被摄体以暗色调为主，或主体位于大面积深、暗背景前拍摄时，按照测光表获得数据曝光通常会产生曝光过度的现象。这是因为把反射式测光表对准暗色调主体，例如，对着白桦树的黑眼睛测光时，反射式测光表认为黑眼睛是反光率为 18%的灰色眼睛，并提供把黑色再现为灰色调所需的曝光量，从而黑眼睛被拍成“灰眼睛”，产生曝光过度，如图 6.8 所示。在实际拍摄时，需要减少 1～2 挡的曝光量才能产生正确的曝光，如图 6.9 所示，就是在测光数据的基础上减少 1.5 挡曝光量拍摄的，黑眼睛颜色还原正常。

图 6.6　曝光不足（王朋娇 摄）

图 6.7　曝光正确（王朋娇 摄）

图 6.8　曝光过度（王朋娇 摄）

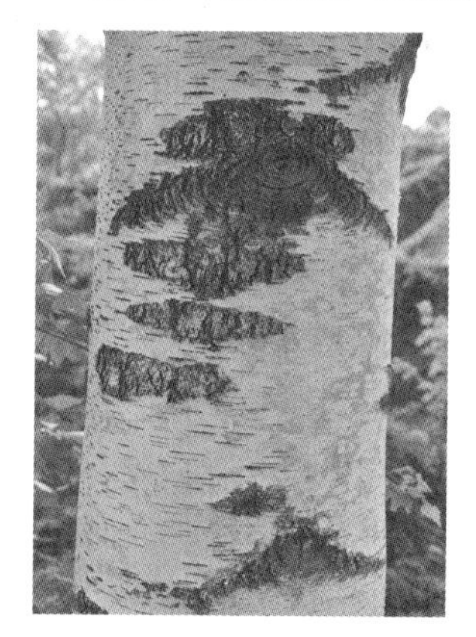

图 6.9　曝光正确（王朋娇 摄）

获得正确曝光的关键在于“找准测光对象”，即对反光率接近 18%中灰色调的被摄体测光，否则就要进行曝光补偿。曝光补偿的基本原则是“白加黑减，亮加暗减”。

2．反射式测光表的测光方法

1）机位测光法

机位测光法是最普遍的测光方法，如图 6.10 所示，摄影者直接在拍摄位置上用测光表对准被摄体测光，得到的是被测量景物范围内各种亮度的平均值。如果被摄体的明暗分布比较均匀，而且反差不大，则用这种平均测光法极易获得良好的效果，如图 6.11 所示即为用机位测光法测光拍摄的画面。当被摄物体在整个环境中所占的比例较小或环境光过亮、过暗时，受环境光的影响，会使测得的数据不准确。

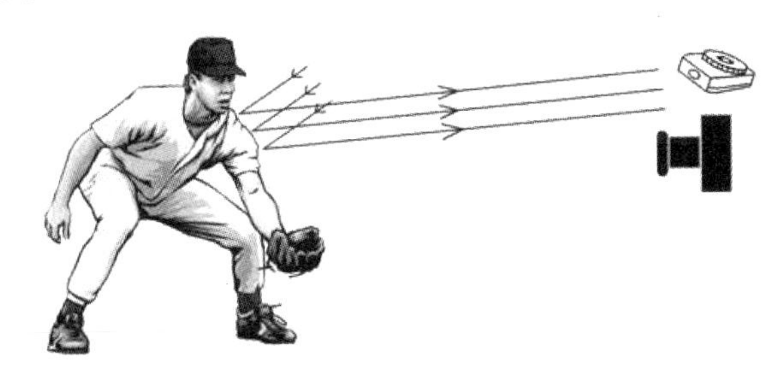

图 6.10　机位测光法

图 6.11　春光美（王朋娇 摄）

2）灰板测光法

灰板测光法不是用测光表直接测量被摄体的亮度，而是测量反光率为 18%的中灰色调测试灰板的表面，如图 6.12 所示，按照测得的读数曝光。

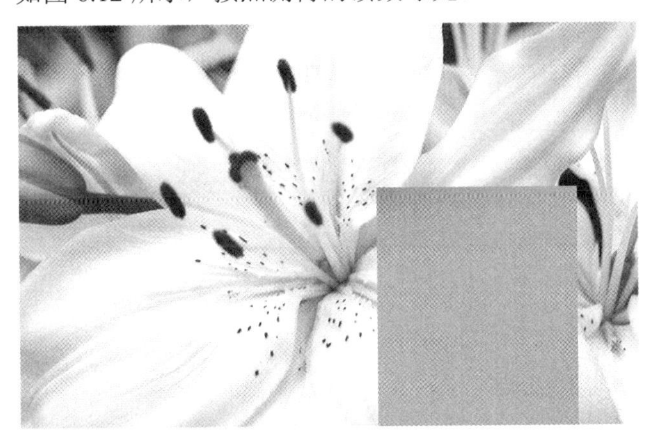

图 6.12　使用反光率为 18%的灰板代替测光（董二林 摄）

测光时，把测试灰板放置在被摄体的位置，并使它受光均匀，然后用反射式测光表对准它进行测量，按照测得的读数曝光。这样，被摄景物中反光率为 18%的中灰色调的景物，在摄影作品上再现为反光率为 18%的中级灰影调；比它更暗或更亮的表面，则获得比发光率为 18%的中灰色调更暗或更亮的影调，会使被摄体得到正确曝光。

如果没有反光率为 18%的中灰色调的灰板，摄影者可以用测光表测量自己的手背以代替灰板，因为它们的反光率接近。

3）近距测光法

当周围环境比被摄主体亮时，如在黄色的沙滩上或地面覆盖白雪的冬天，反射式测光表采用机位测光法可能会给出错误的结果。由于受场景中明亮部位的影响，使测光值太高，导致主体曝光不足。为了获得正确曝光，可以采取近距测光法进行测光。

近距测光法是指摄影者靠近被摄物体用测光表对被摄物体局部进行测光。用近距测光法直接测得被摄主体所需的曝光量，得出的数据一般会很准确。如图 6.13 所示，背景较明亮，因而靠近左侧的石柱测光，使石柱曝光准确，不受明亮背景的影响。

图 6.13 《晨辉》（颜秉刚 摄）

当被摄体和背景的亮度差别较大时，若以明部为测光依据，则暗部被压缩而无层次；若以暗部为测光依据，则明部会没有层次和细节。为了兼顾主体和背景的细节层次，可以采用亮暗兼顾法控制曝光，即对景物的亮部和暗部分别进行测光，然后确定曝光组合。

4）代测法

当被摄对象距离照相机很远、不可能靠近被摄体测量时，可采取测量代用目标的方法，即从近处选择一块与远处的被摄体亮度相当的代用目标，直接测量它，以代替对远处被摄体的测量。例如，测量近处的雪，以代替在远处山峰上同样明亮的雪；测量近处一棵大树的树干或树叶，以代替河流对岸的树木。不过，采用这种测光方法，要注意代用目标和实际被摄对象的受光情况必须一致，而且不能使背景影响它的读数，这样才能获得正确的曝光。

二、入射式测光表

因为入射式测光表测量的是被摄体接受的照度，也就是直接测量照射到被摄体上的光通量，所以入射式测光表又称为照度测光表。

1．入射式测光表的测光原理

入射式测光表以基准反光率直接测量被摄景物的平均照度。它得出的数据一般较准确，因为它不受物体反光率的影响，不用考虑被摄体对光线的反射能力，所以也不受被摄体色调明暗的影响，能正确反映出景物的明暗关系，各种色调的被摄体基本都能得到真实的再现。特别是在一些暗背景、环境较大、被摄物体较远的情况下，采用入射式照度测光能较好地反映被摄景物的反差状况，拍摄出理想的摄影作品，如图 6.14 所示。

2．入射式测光表的使用技巧

使用入射式测光表测光时，要把测光表置于与被摄物体相同的受光位置，使测光窗朝着照相机的光轴方向测光，如图 6.15 所示。但不要对准光源测光，否则测光读数偏高。入射式测光表的受光角应尽量大，在 180°左右为最佳。在测光元件受光孔上的半球状乳白色的漫射罩或锥形扩散罩就起着这个作用。

图 6.14　《守护家园》（颜秉刚　摄）

图 6.15　入射式照度测光表的使用技巧

三、点式测光表

点式测光表用来测量景物部分区域的反射光。它的优点是光敏元件的受光角较小，有的仅为 1°或更小。使用这种测光表可以测量被摄体表面极小面积的亮度，以及在远离被摄体而又不能靠近的情况下进行准确测光，如图 6.16 所示。

图 6.16　《望明天更好》（颜秉刚　摄）

使用测光表的注意事项

（1）不管使用何种测光表，首先要调定所使用的感光度。

（2）正确使用测光表的附件。测照度（入射光）时，应在测光表头上加上半球状乳白色的漫射罩或锥形扩散罩。测亮度（反射光）时，则应取下漫射罩。

（3）掌握测光表的视场角。测入射光时，测光表的视场角为180°；测反射光时，它的视场角为45°～55°，与标准镜头的视场角大体相同。点式测光表的视场角为1°～5°。

（4）测光表选用的光敏元件有硫化镉、蓝硅光电池、镓光电二极管。以上几种光敏元件对可见光波长范围有相对不同的敏感度。了解光敏元件的敏感度，在拍摄实践中有很强的实用价值。

第三节　数码照相机的测光系统与测光模式

一、数码照相机的测光系统

数码照相机的测光系统在测光时，测量的是物体的反射光，它所依据的是反射式测光表的测光原理，反光率为18%的中灰色调是数码照相机测光表的测光基准。

二、测光模式

准确的测光是正确曝光的首要条件。数码照相机大都针对不同的拍摄体，设有与其相适应的自动测光方式。自动测光分为平均测光、中央重点测光、点测光、多区域测光等几种测光模式。

1．平均测光模式

平均测光模式测量的是整个拍摄画面的平均光亮度，一般适用于景物光线反差不大的场合。如图6.17所示，画面中的明亮部分和阴暗部分差别不大，采用平均测光取得了较好的曝光效果。

图6.17　《城堡童话》（王朋娇　摄）

测光时，如果画面出现大面积过亮或过暗的背景，平均测光就会导致明显的曝光不足或曝光过度。

2．中央重点光测光模式

把测光重点放在取景的中央部分，约占画面的60%，并兼顾取景范围内的整体亮度来确定曝光值。中央重点测光模式是目前数码单镜头反光照相机采用的主要测光模式。该模式适合主体比较突出的场合，拍摄既有风景又有人物的纪念照时非常有用，它可以按照画面中央的主体进行曝光，同时又兼顾背景的亮度。如图6.18所示就是用中央重点测光模式拍摄的数码摄影作品。

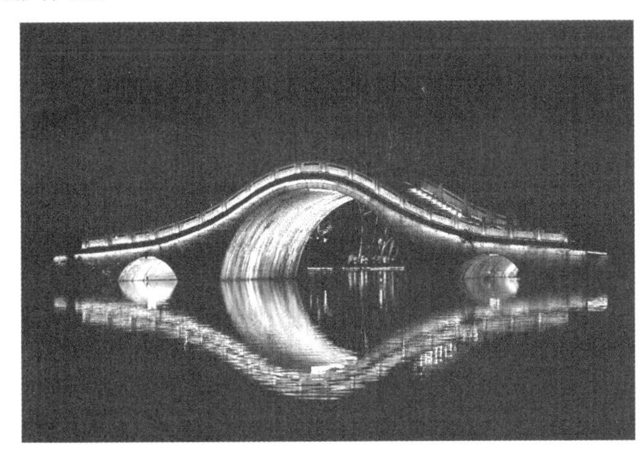

图6.18　《夜之瞳》（孟祥宇　摄）

3．点测光模式

点测光模式是对取景范围中心3%～5%的区域进行测光，该区域与整个画面相比，可近似看成一个点。点测光模式在画面光线分布不均且反差很大的情况下比较适用，如果不用点测光，可能造成需要表现的主体曝光过度或曝光不足。如图6.19所示，就是通过点测光重点表现了木偶的头部。如图6.20所示也是通过点测光使蝴蝶的整体得到了很好的曝光。

图6.19　《木偶》

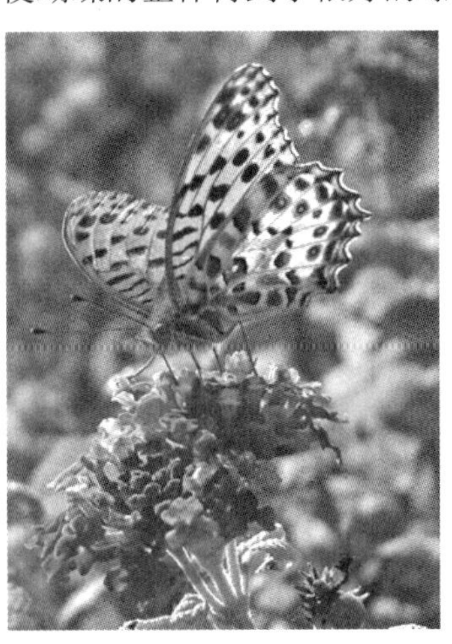

图6.20　《蝴蝶》

4．多区域测光模式

对取景的多个区域信息进行测光，再由数码照相机内部的微处理器进行数据处理，确定最佳曝光值。多区域测光的特点，是在逆光摄影或景物反差很大时都能得到合适的曝光，而无须人工校正，因而非常适合在各种复杂光线条件下使用。如图 6.21 所示，岩石受光面和背光面、与背景树丛的反差很大，但由于拍摄时使用了多区域测光模式，从而使岩石与背景树丛的亮度都恰到好处地表现出来。

图 6.21 《关东山色》（颜秉刚 摄）

数码照相机测光的操作方法

以上是不同测光范围的测光方法，而在实践拍摄中，应用数码照相机测光系统进行测光时与前述反射式亮度测光表的测光方法基本相同，即可使用机位测光法、近距测光法、灰板测光法和代测法等测光方法。

第四节 曝光补偿与包围曝光

正确曝光只是一个相对的概念。在正常的照明条件下，可根据表现的意图而采用差别很大的曝光量进行拍摄。为了取得某种艺术效果，渲染气氛，曝光量则可以大大“偏离”准确的测光读数。

直方图是数字图像拍摄和处理中常用的一种像素分布的统计方法。它可以评估照相机测光系统对被摄主体测光是否准确，从而对曝光做出补偿以达到正确曝光。在数码图像处理过程中利用色阶直方图，可以使同一幅图像表现的效果截然不同，从而满足不同的画面创作需要。

一、直方图

1．直方图的分布规律

直方图是为了更形象、直观地表达图像中各种颜色的分布和取值而建立的一种统计图，用来描述图像中所有颜色值的像素分布。如图 6.22 所示为图例摄影作品；如图 6.23 所示为与图 6.22 相对应的“直方图”对话框。X 轴代表色阶，色阶是一种或几种颜色从浅到深的梯度表现，在视觉上它能反映亮和暗的变化，从左到右取值为 0～255，从最暗到最亮。Y 轴代表色阶 X_i 的像素数量。依据直方图的分布规律可以判断图像的明亮程度，进而对图像的表现效果进行调整。

图 6.22　图例摄影作品

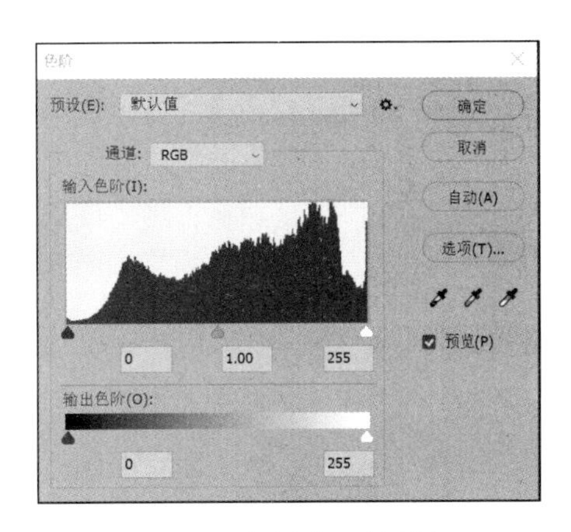

图 6.23　“直方图”对话框

（1）色阶直方图中的色阶线向左边集中，整幅图像的暗色较多。

（2）色阶直方图中的色阶线向右边集中，整幅图像比较明亮。

（3）色阶直方图中的色阶线分布比较均匀，整幅图像为中间色调。这种图像比较清晰，是一幅好的比较平衡的图像。

（4）色阶直方图中的色阶线集中在中部某一区域，图像颜色反差比较小，对比度弱，图像昏暗模糊。

（5）色阶直方图中的色阶线集中在两头区域，图像颜色的反差大，对比度强，图像清晰明朗。

2．数码摄影时直方图的应用

直方图既可以在数码照相机取景时显示在 LCD 上，也可以在图片浏览过程中显示在 LCD 上。取景时，由于数码照相机的 LCD 本身像素数量的限制，再加上现场光线的干扰，单凭 LCD 上的图像显示，往往易造成拍摄的数码摄影作品曝光不足或过度，尤其拍摄对象为强反光（亮色调）主体或弱反光（暗色调）主体时，或者拍摄亮背景暗主体和暗背景亮主体时，曝光失误就会更多。

由于每张摄影作品的主体和场景不同，所以直方图也是不同的。在拍摄时或拍摄后，注意查看摄影作品的直方图，则可以判断所拍摄的摄影作品曝光是否正确，以便根据具体情况进行曝光补偿，从而获得满意的拍摄效果。

通常，曝光正确的摄影作品应该以中间影调为主，表现在直方图上时，整个峰值区域几乎位于中心部位，从暗部到亮部区域基本均衡，就像连绵不断的山脉。曝光不足的摄影作品反映在直方图上时，峰值区域偏左。曝光过度的摄影作品反映在直方图上时，峰值区域偏右。

需要特别注意的是，直方图显示的是整个画面的情况，而不是被摄主体的情况。当被摄主体曝光准确时，可能存在背景曝光过度或不足的现象。整个峰值区域几乎位于中心部位，也可能出现主体曝光过度或曝光不足的情况。因此，在实际使用中应与曝光补偿功能配合才能达到最佳拍摄效果。

3. Photoshop 处理图像时直方图的应用

在 Photoshop 中查看图像直方图的方法是，单击菜单栏中的“图像”→“调整”→“色阶”命令，即可查看图像的直方图情况。在 Photoshop 处理图像时进行色阶调整，色阶梯度划分为 256 级，能反映亮和暗的变化。在不同的色阶情况下，即使是同一幅图像，表现的效果也截然不同。调整色阶还可以使用色阶调整曲线。单击菜单栏中的“图像”→“调整”→“曲线”命令进行调整，图 6.24 的直方图如图 6.25 所示。

图 6.24　调暗图像

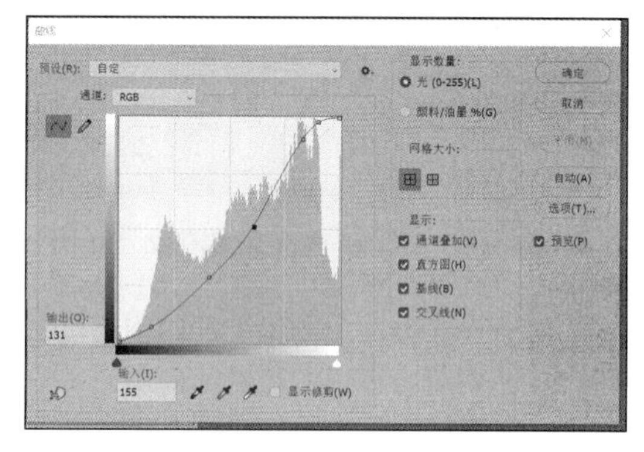

图 6.25　与图 6.24 相对应的“直方图”

二、曝光补偿

在一般情况下，数码照相机都会通过自己的内部程序，对环境光线进行计算，自动调整各项数值，以达到理想的曝光。

但是经常会遇到数码照相机的内测光不能准确曝光的情况，如在逆光、强光下的水面、雪景或拍摄物体亮部的区域较多的情况下拍摄时，按照数码照相机的测光读数进行曝光，数码摄影作品往往曝光不足；而在密林、阴影中的物体、黑色物体的特写或物体的暗部区域较多的情况下摄影时，按照数码照相机的测光读数进行曝光，数码摄影作品往往又曝光过度。这时，就需要对曝光参数进行调整，这就是曝光补偿 EV 值。

现在的数码照相机大多都设有曝光补偿的功能，一般使用 ◪ 作为“曝光补偿”按钮。曝光补偿可以对数码照相机的自动拍摄进行加亮或减暗处理。曝光补偿的基本原则是：在曝光不足的场景使用 EV+；在曝光过度的场景使用 EV−。简单通俗地说就是“白加黑减，亮加暗减”。

不同数码照相机的补偿间隔是不同的，调节范围一般在±2.0 EV 值范围内，目前大部分是以 1/3 EV 值为间隔的，分为−2.0、−1.7、−1.3、−1.0、−0.7、−0.3、+0.3、+0.7、+1.0、+1.3、+1.7 和+2.0 十二个级别的曝光补偿值。

“+”表示在测光所定曝光量的基础上增加曝光，“−”表示减少曝光。

摄影时对自己设定的曝光值估计不准时，可以用不同的补偿值多拍摄几张，然后从中选择出最佳摄影作品。

知识链接

曝光补偿参考表

曝光补偿参考表如表 6.4、6.5 所示。

表 6.4　拍摄物体和需要增加的曝光量

拍摄物体	需增加的曝光量
白色人种的皮肤和明亮的色彩	0.5～1.0 挡
阳光直射的海滩	1～1.5 挡
白花和白墙	约为 1.5 挡
云天白雪	约为 1.5 挡
雪后晴天	约为 2.0 挡

表 6.5　拍摄物体和需要减少的曝光量

拍摄物体	需减少的曝光量
正常、暗绿色的树叶和植物	0.5～1.0 挡
深色岩石	约为 1.0 挡

三、自动包围曝光

自动包围曝光是对曝光补偿 EV 值进行了程序化的自动设置，精简了手动功能，有利于即时抓拍。

大部分数码照相机都设置了自动包围曝光功能，当按下快门时，数码照相机会自动在设置的范围内更改曝光值，以拍摄多张曝光量不同的摄影作品，从而保证总能有一张摄影作品符合拍摄者的曝光意图。使用自动包围曝光需要先在数码照相机的菜单中设定自动包围曝光模式，按下快门，就可以一次连续拍摄 5 张、8 张、12 张或更多张不同曝光量的摄影作品，从中挑选一张最符合创作意图的数码摄影作品。自动包围曝光一般适用于静止或慢速移动的拍摄对象。

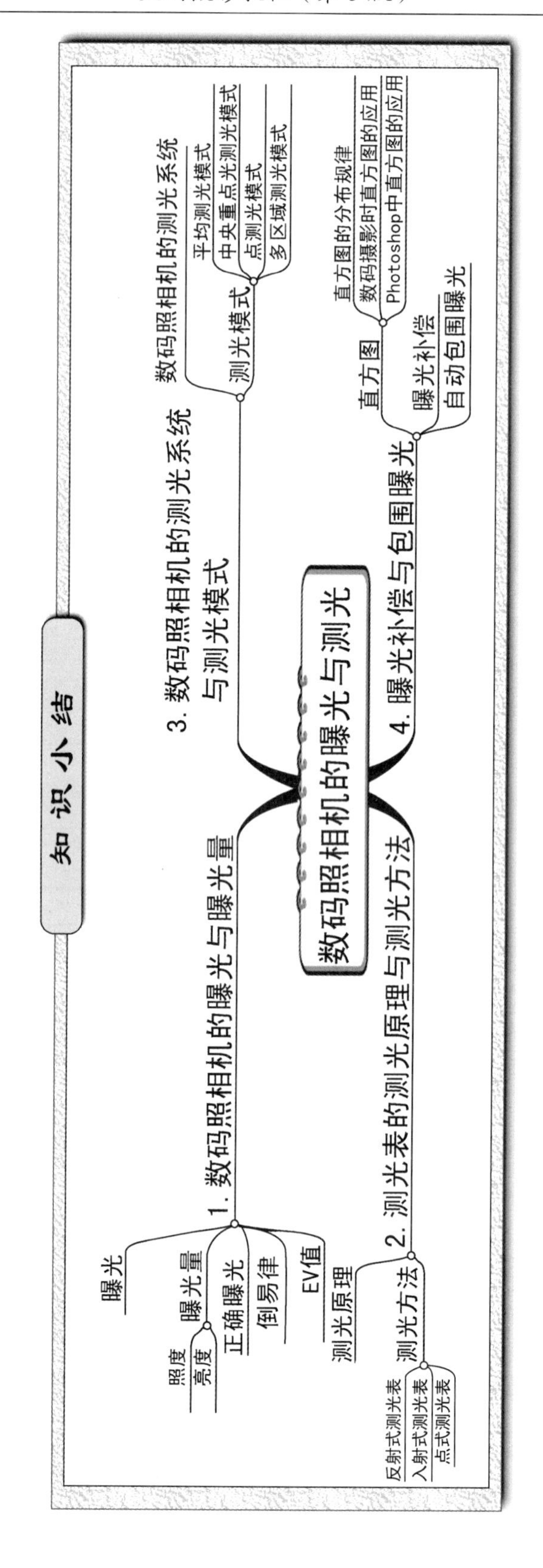
知识小结
数码照相机的曝光与测光
1. 数码照相机的曝光与曝光量
曝光
曝光量
照度
亮度
正确曝光
倒易律
EV值
2. 测光表的测光原理与测光方法
测光原理
测光方法
反射式测光表
入射式测光表
点式测光表
3. 数码照相机的测光系统与测光模式
数码照相机的测光系统
测光模式
平均测光模式
中央重点光测光模式
点测光模式
多区域测光模式
4. 曝光补偿与包围曝光
直方图
直方图的分布规律
数码摄影时直方图的应用
Photoshop中直方图的应用
曝光补偿
自动包围曝光

吾 爱 吾 师

是谁在你冥思苦想时为你指点迷津？是谁在你消极气馁时为你加油鼓劲儿？是谁在你悲伤哀怨时为你排解？是谁在你彷徨迷惑时为你耐心指引？那是我们可亲可敬的老师！老师时刻关注着我们的成长，而你有没有留心老师的风采呢？你可曾注意他们上课时的神采奕奕、下课时的活跃自如、和蔼时的笑靥如花、生气时的双眉颦蹙……除了讲台上那个我们熟悉的形象，其实还有很多很多我们不能错过的精彩瞬间：他们的亲和力、他们的幽默感、他们的睿智、他们的勤恳、他们的忧心、他们的专注……当我们观察一个人、关心一个人时，心中总会有意想不到的感动。怎样去表达对老师的爱呢？让我们拿起手中的数码照相机，拍下老师真实而动人的画面吧。

最后，让我们将照片集中起来，共同评选一张最能体现老师风采的照片，冲印出来，加上我们自己设计制作的相框，作为一份意外的教师节礼物，送给亲爱的老师并向他们致以最深的祝福：您最美的一瞬、您动人的风采，已经留在我们的眼中、心里。老师，我们爱您！

项目作品赏析

画面中这位鬓角斑白的老师是国家级教学名师、博士生导师杨丽珠教授（见图 6.26）。杨教授治学严谨，常年奋战在教学的第一线，培养了大批高质量的人才，与一盏青灯相伴，不知度过了多少个日日夜夜。她那专注的表情正是其在教学、科研工作中锲而不舍、勇于探索、大胆创新的真实写照。（文_王洪英）

图 6.26 《国家级教学名师杨丽珠教授》（王洪英 摄）

摄影项目习作赏析（见图 6.27、图 6.28）

图 6.27 《汗水》（王韵竹 摄）

图 6.28 《传道授业》（杨欣 摄）

数码图像处理实战

利用图层蒙版创作沙漠绿洲效果

1. 项目实战说明

利用 Photoshop CC 中的图层蒙版将图 6.29 所示的“沙漠”、图 6.30 所示的“树”的图片进行合成，制作一幅由两幅图像融合的沙漠城市图片，如图 6.31 所示。

图 6.29　沙漠

图 6.30　树

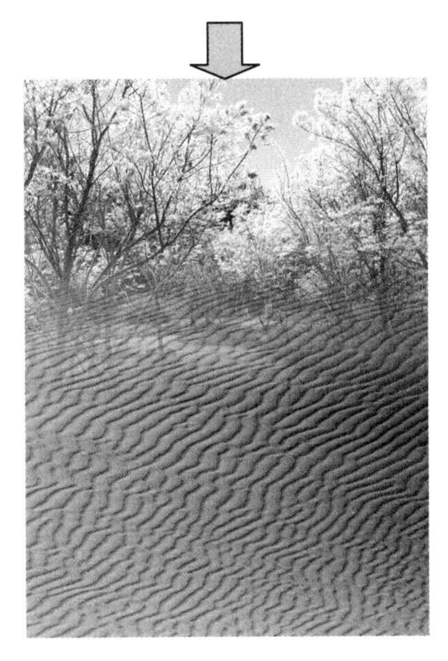

图 6.31　沙漠绿洲效果图

2．实战步骤

（1）在 Photoshop CC 中打开第六章“项目实战”文件夹中的素材图片“树”“沙漠”。激活“树”图片，利用移动工具将“树”图片拖到“沙漠”图片的上方，并自由变换大小。

（2）在图层面板中选中“树”图片所在的“图层 1”，单击图层调板底部的添加图层蒙版按钮，添加图层蒙版，如图 6.32 所示。

（3）将前景色与背景色分别设置为黑色和白色，单击工具箱中的渐变工具，渐变类型选择“线性渐变”，如图 6.33 所示，起点向上到终点的位置做一个向上的渐变。

（4）单击菜单栏中的“文件”→“另存为”命令，选择 PSD 格式，保存图像。PSD 格式能够保存图像中含有的图层、通道等。为了便于再次编辑，建议备份 PSD 文件后再进行格式转换。

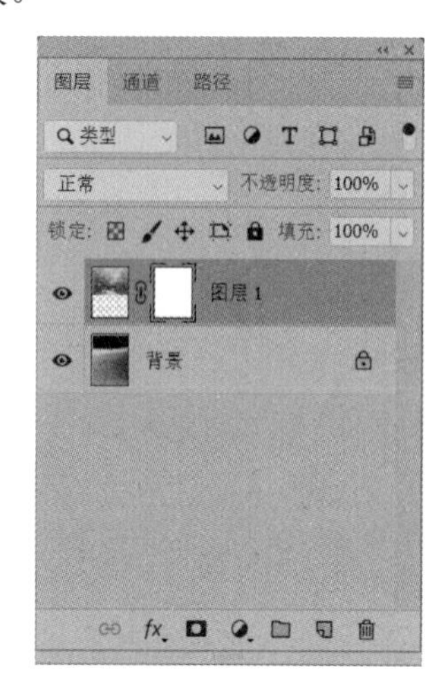

图 6.32　添加图层蒙版

图 6.33　渐变位置示意图

思考题

（1）何谓曝光？何谓曝光量？曝光量用公式如何表示？

（2）何谓照度？何谓亮度？请阐述二者之间的关系。

（3）曝光正确、曝光过度、曝光不足在摄影作品上有何表现？掌握正确曝光的标准。

（4）何谓 TW 值？TW 值的作用有哪些？

（5）掌握反射式测光表、入射式测光表的测光原理及测光方法。

（6）掌握数码照相机的测光模式。

（7）何谓直方图？掌握数码摄影中直方图的应用。

（8）何谓曝光补偿？如何进行曝光补偿？

（9）掌握自动包围曝光的方法和应用。

第七章　专题摄影创作实践

✧　概念

1. 风光旅游　纪念照　纪实　新闻　人像
2. 微距　　　航空　　静物　天文　水下

✧　拍摄实践

1. 选择一处风光旅游景点，拍摄一些风光旅游纪念照片，了解风光旅游摄影的特点，掌握风光旅游摄影的拍摄技巧。

2. 组织班级同学，拍摄班级合影纪念照片，总结纪念照拍摄的要领。

3. 拍摄校运动会中的百米赛跑、跳高、跳远、中长跑比赛中的运动员，或拍摄足球、篮球比赛中的运动员，体验体育摄影捕捉精彩瞬间的拍摄技巧。

4. 携带数码照相机走上街头，拍摄你认为有新闻价值的照片，并试着投给报社或者网站，或与报社编辑探讨自己照片的优缺点。

5. 在学校的礼堂或者报告厅，拍摄一场文艺演出或者报告会，体验舞台摄影或者报告摄影及新闻拍摄的特点和要领。

6. 在一天中的不同时段，拍摄校园风光照片，分析总结拍摄风光照片的选题、构图、用光等技巧。

7. 本章的专题摄影创作实践，还需以前六章的摄影基础理论为指导，只有通过反复实践创作，才能提升摄影技能。

第一节　风光旅游摄影

一、拍摄前的准备

1. 拍摄前的计划

首先做好旅游攻略，可以到中国旅游网、马蜂窝、携程旅行网、去哪儿网等网站或者APP，了解目的地的风土人情、地理位置、气候特征和天气情况，提前做好相关行程安排。

2. 摄影器材的准备

应把数码照相机、不同焦距的镜头、闪光灯、三脚架、滤光镜、存储卡、备用电池、数码伴侣、电池充电器等放入摄影包中相应的位置，还应准备镜头刷或吹气球、镜头纸、不干胶、手电筒、别针、小锁、小夹子等。在拍摄时，可以带上摄影背心，这样可以装下摄影者需要的多数物品。

二、风光旅游摄影可选择的各种题材

1．旅途中的拍摄

从旅行出发时就可以开始拍摄，在机场、火车站、长途客车站等场合中的等候大厅、等待的人们和交通工具都可能变成好的画面。在乘坐交通工具时，也有很多可进行拍摄的好时机。例如，乘坐飞机时可以选择坐在靠近窗口的位置，俯拍城市全景或山川河流等。如图 7.1 所示，在飞机上面拍摄云海，既记录了交通工具，又拍摄了别具视角的美景。

图 7.1 《翱翔》（张星元 摄）

如图 7.2 所示，乘坐轮船时可以拍摄烟波浩渺的大海、争相捕食的海鸥，这些特别的画面往往能够给人带来很好的视觉享受及美好的回忆。

图 7.2 《海鸥你好》（陈文宁 摄）

2. 建筑物的拍摄

名胜古迹是最难拍摄出新意的题材之一，因为已经有很多人从各个角度做过拍摄，所以首先要做好旅游攻略，通过研读已有的优秀建筑物图片，策划自己的拍摄创意与计划。如果时间充裕，应尽量在名胜古迹处多做停留。这样，可以在不同的光线下从各个角度充分地观察拍摄主体。如图 7.3 和图 7.4 所示，拍摄的是河南开封清明上河园的建筑。清明上河园是按照北宋著名画家张择端的传世名作《清明上河图》为蓝本建造的大型宋代历史文化主题公园。

图 7.3 《清明上河园》（王朋娇 摄）

图 7.4 《梦回千年》（王朋娇 摄）

在拍摄城市建筑物的夜景时，最常用的方法是长时间的曝光。这种方法非常适合灯火辉煌的建筑物或街道。如果拍摄背景只有天空的建筑物，为了避免背景过于黑暗，最好选择华灯初上的时候。

3. 风光的拍摄

在旅游风光摄影中最常见的自然风光就是山和水。对于“山”景来说，天气和环境对拍摄的效果有很大的影响。如图 7.5 所示，在拍摄山脉的全景时，最好能选择没有云彩遮挡的晴朗天气。如图 7.6 所示，夕阳把水面映成了橙红色，暖色调的光线让人感觉十分舒服。静静的水面上有天鹅在休憩，天空中有鸟儿飞过，给画面增添了生气，“黄金分割”的构图使画面看起来十分和谐。所以早晚时分进行拍摄也是很理想的，因为这个时候光线还会给山峰染上非常漂亮的金边。

图 7.5 《十里画廊》（蒋永廷 摄）

图 7.6 《曦》（蒋永廷 摄）

对于“水”景的拍摄来说，不同类型的风光会有不同的处理手法。在拍摄瀑布时，重要的是要找到合适的机位后，再依据瀑布水流速度设置好快门速度，同时要小心避开飞溅的水花，以免打湿镜头。在拍摄静止的大片水面时，为了防止反光，可以使用偏振镜。小岛、人物、水鸟、树木的点缀也会更加映衬出水面的魅力。

4. 人物和风俗的拍摄

特色的人物或有关活动可以很出色地表现出当地的风俗习惯，这也是很值得拍摄的题材。要想拍到最自然的人物活动，最好的方法是抓拍，即在不引起别人注意的情况下进行拍摄，如图 7.7 所示。值得注意的是，很多人不喜欢被拍到，这时要尽量不与被拍摄者产生矛盾，事前或事后的沟通也是很重要的。

图 7.7 《虔诚》（周丽萍 摄）

节日是拍摄原生态的民俗风情的最好时机，这时很多古老的习俗会回到生活中。节日里的服饰和活动最能反映当地风俗。除了人的活动以外，一些静物也能表现出旅游胜地的特征，如旅游纪念品、地域性的植物和食品等。如图 7.8 所示，表现文房四宝的毛笔，据传毛笔为秦代的蒙恬所创，是古代中国与西方民族用羽毛书写风采迥异的独具特色的书写、绘画工具。当今世界虽然流行铅笔、圆珠笔、钢笔等，但毛笔却有着谁也替代不了的魔力。

图 7.8 《文房四宝之毛笔》（王朋娇 摄）

5. 风光旅游摄影作品赏析

如图 7.9 和图 7.10 所示，分别为《朝辉颂》和《气贯长城》的摄影作品。

▶ 本幅摄影作品是陈复礼先生的经典之作，作品的整体性体现了东方艺术的魅力。作品以恢弘的构图，整体表现了壮美的自然景观。和谐统一的画面引人投入自然的怀抱，聆听用光谱写出的雄伟乐章，共同抒发对朝晖的赞颂之情。陈复礼先生（1916—2018 年）称摄影是一项美丽的事业，他本人从事摄影达半个世纪，是公认的摄影大师。

图 7.9 《朝辉颂》（陈复礼 摄）

▶ 本幅作品的构图独特而讲究，将长城安排在画面的右下角，左上方留出了较大的空间，并且一道彩虹贯穿于画面的左侧，使画面显得均衡，并且有利于情感的表达和精神的体现。长城在侧光的照射下呈现为暖色调，与蓝色的天空形成了鲜明的冷暖对比。

图 7.10 《气贯长城》（周万萍 摄）

第二节 纪念照摄影

在很多家庭的相册中，都保留着很多按时间陈列的纪念照。这些纪念照不仅记录了我们的成长历程，还能够让我们随时重温那些渐渐在记忆中淡去的特殊日子和美好时刻。

一、纪念照的一些拍摄技巧

1. 构图

在拍摄纪念照时，应该把人物的脸部和表情拍清楚。最好是让人物离镜头尽量近一些，或者舍弃一些不太重要的背景，使人物显得大一些。如图 7.11 所示，人物的表情很自然，姿势也显得很活泼，更加突出了人物主体。前景和背景也很重要，在拍摄时，要利用好环境，使画面显得更有层次感。因为纪念照的主体是人物，所以背景应该尽量简洁一些，以使人物显得突出一些。在拍摄人物较多的合影，特别是比较正式的纪念照时，人物的位置也很重要，通常要把人物放在画面的中央。

图 7.11　《憧憬》（石中军　摄）

2．光线

光线的运用十分重要。掌握摄影用光的原理对拍摄出好的作品有很大的帮助。光线的运用请参考第三章的相关内容。

3．姿势和表情

拍摄纪念照时，通常会在拍摄之前让被摄对象摆好姿势，做出令人满意的表情。但是，并不是所有的人都能在镜头前轻松自然地摆出理想的姿势。很多人在照相机前都会显得局促不安，为了让被摄对象轻松一些，可以在拍摄前说几句幽默的话，在其情绪放松的时刻按下快门；也可以试着让他们拿一些不破坏画面的东西来缓解紧张的情绪。抓拍也是一个很好的方法，特别是在被摄对象完全没有意识到自己将被拍摄、完全沉浸于自己正在做的事情时，如图 7.12 所示，往往能抓拍到非常自然的画面。

图 7.12　《青春欢乐颂》（王朋娇　摄）

让被摄对象动起来也是一个好方法，人在运动时会比静止时放松一些，如图 7.13 所示，拍出的照片会显得活泼、有情趣。在被摄对象做好准备后，应尽量快地按下快门，否则时间太长，再自然的表情也会变得僵硬起来。如果想使画面看上去活跃一些，可以让被摄对象的身体稍微侧一些，再将脸朝向照相机，这种姿势可以让人看起来更苗条，而且充满动感。

图 7.13 《一家亲》（王朋娇 摄）

值得注意的是，要拍的并不一定是千篇一律的微笑，只要是人物情感流露或是激动人心、令人难忘的时刻，都可以用数码照相机记录下来。

4．环境和道具

图 7.14 《女孩》（石中军 摄）

在拍摄人物时，最好的环境就是他们最熟悉的日常生活和工作的环境。如果是在室内拍摄，最好选择广角镜头，因为它可以更多地展现周围的环境。窗户附近的光线一般比较好，有很强的漫射效果，而且能产生浅淡的暗部，因此，窗户附近是拍摄的好地方。

服装也是很重要的。不同类型的服装能够在相当程度上改变人的行为方式。同一个人，在穿着职业装时就会显得比较稳重，而穿休闲装就会看起来比较随意活泼。让被摄对象穿上自己最喜欢的衣服，也可使人看起来更自信。一些小道具可在拍摄中起到很大的作用，它们不仅能帮助人们缓解紧张的情绪，还可以为照片增添情趣。如图 7.14 所示，女孩的神态显得悠闲、自然、亲切，雨伞和背包增加了画面色彩，凸显青春活力。

二、一些典型的纪念照拍摄方法

1．集体照和毕业纪念照

拍好一张集体照和毕业纪念照是很不容易的，画面要照顾到每个人的表情和姿势。作为拍摄者，要安排好所有人的位置，并要求大家集中注意力。在按下快门前，要保证所有的人都在看着照相机且已经做好了准备。

集体照的传统排位方法往往都是排排坐。集体照和毕业纪念照的要求当然是每个人都清晰，连后面的风景点也要清晰，这就涉及一个景深的问题。拍集体照的要求是，从前排到后排的人，甚至是后面的背景都清晰。这就要求景深大。若是有三排人，则以第二排中间的人为调焦对象；若是有五排人，则以第三排中间的人为调焦对象；以此类推。

拍摄毕业纪念照，利用创意和抓拍生动活泼的画面，如图 7.15 所示，效果会略胜一筹。

图 7.15　《校训永驻我心》（王朋娇　摄）

2．生日纪念照

生日对于每个人来说都是很重要的日子。由于庆祝生日的活动大多是在室内，所以经常用到闪光灯。富有创意的庆祝生日的快乐瞬间，拍摄效果也别具一格，如图 7.16 所示。

3．婚礼纪念照

因为婚礼的场面是无法重现的，所以婚礼纪念照的拍摄显得非常重要。婚礼的过程热闹、内容丰富，选择不同的角度也更容易拍到富有情趣的照片，如图 7.17 所示。在拍摄前，一定要做好各种准备。

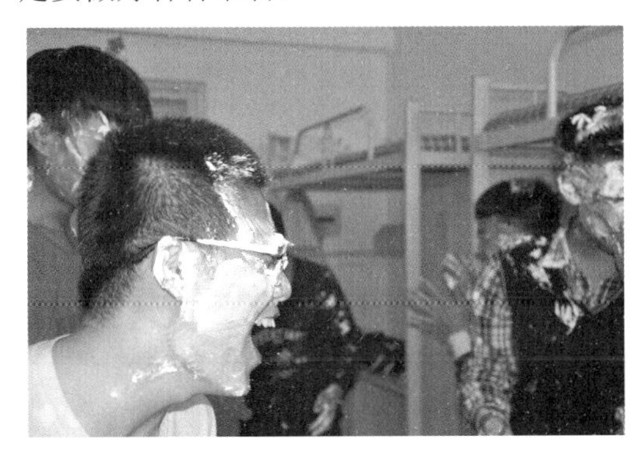

图 7.16　《生快》（李庆鑫　摄）

图 7.17　《两小无猜》（王志强　摄）

4．纪念照摄影作品赏析

如图 7.18 和图 7.19 所示，分别为《蒙古娃》和《女孩》的摄影作品。

▲ 画面中简单的色彩衬托出了背景的广阔，色彩分明的服装非常具有民族特色。孩子、骆驼的动作与表情相呼应，使画面显得非常生动有趣。

图 7.18 《蒙古娃》（韩承利 摄）

◀ 画面看上去是使用自然光拍摄的照片，但其实是在影室灯下拍摄的。使用了一盏灯，在被摄者左侧较远处摆放了一个柔光箱，右侧放置了一块白色反光板，给阴影处稍微补了一点光。场景是用两块板子搭起来的，造成窗户打开的感觉，以小女孩脸上亮部为基准曝光。人物轮廓清晰，表情安静自然。

图 7.19 《女孩》（乔纳森·希尔顿 摄）

第三节 纪 实 摄 影

一、纪实摄影概述

1. 纪实摄影的概念

“纪实”源自拉丁文的 docere，意为“教导”，其功能不仅要传达信息，还可以指导观赏者通过透露的真相认知社会的某些层面。纪实摄影在人类社会历史发展中成为记录时代瞬间的有力工具，是对人类社会影响最大、最重要的一类摄影。

我国著名学者孙惊涛先生对纪实摄影的含义的阐述是：“纪实摄影的题材涉及人类社会及其环境的各个方面，它可以以某个族群或者某些特定的人为研究对象（人物纪实）；也可以意在服务于当前，揭示那些错误的或正在造成损害的行为和事件（问题纪实）；或者记录那些一去不返而又有价值的东西（文献纪实）。摄影师对题材的挖掘本着一个由个体到公众，由特殊到一般意义的原则，其主旨是通过深入研究人与人、人与自然之间各个层面的关系，探讨人的终极命运问题；纪实摄影的拍摄者可以是专业的，也可以是业余的，但他们对题材的反映都是全面而充分的、真实而朴实的；摄影师的第一任务是记录，第二任务是评价——这种基于事实之上的评价可以体现在摄影师对题材的选择上，也可以蕴藏在对摄影技术手段的选择上，以及对文字的叙述中。纪实摄影是一组照片，并配有相应的文字解说；纪实摄影呈现给读者的方式主要是展览和图书；纪实摄影客观上要在社会优化发展方面起积极作用。”

2. 纪实摄影的类型

1）图片故事

对某人、某事进行具体描绘，注重情节和连续性，使之成为摄人心魄的一瞬间。

2）图片系列

相同的主题，相互关联的成组照片，没有时间的限制和变化。如图 7.20 所示，拍摄的一组《归途》系列图片，展示了归途中一系列连续的事件。

图 7.20 《归途》系列图片（肖强 摄）

3）图片短评

对某事、某群体的认识，每幅作品具有独立性，有评论，但无相互承接关系。

3. 纪实摄影和新闻摄影的区别

纪实摄影和新闻摄影的共同点都是针对现实客观世界的自然形象，用“精确记录的方法”通过所拍摄的图片表达一种认识和理解，引发人们的思考。

纪实摄影与新闻摄影的区别主要有以下两点：

（1）纪实摄影更注重照片的选择、编排，可容纳更多的文字。而新闻摄影作为摄影报道的一部分，在文字表达方面要把吸引人和重要的内容表达出来。

（2）纪实摄影的重点是探讨和评价事件背后深层次的意义，进而影响社会。新闻摄影是记录真实事件，而不是反映正在进行中的社会动态。

4．纪实摄影作品的要素

1）真实性

真实性是不干涉对象的选择性抓拍，忠实事物的本来面目，不允许暗房或电子合成技术等手段的后期拼接加工，坚持以真实为主的原则。《洛杉矶时报》摄影记者布莱恩·沃斯基因计算机合成伊拉克战争照片而被炒鱿鱼。究其原因很简单，纪实摄影作品的评价要素首先是真实性，作为一名摄影记者违反新闻道德造假，是对读者、对同行的欺骗和亵渎，更是数码影像时代摄影记者的最大禁忌。

2）倾向性

由于每个摄影师受社会环境的影响、生活积累，以及综合素质的不同，对社会生活中文化、道德、审美、善恶的评价和把握存在着差异和不同的见解，从而形成了创作目的、选择主题、表现形式的不同。

二、纪实摄影的过程与技巧

1．选择合适的拍摄题材

由于纪实摄影是摄影师长期关注的，并且是有一定政治、经济、文化和社会意义的图片，因此，要求摄影师选择的题材是比较重大的社会问题。

摄影师在确定了一个拍摄主题后，要选择性地进行调查研究。那么拍摄什么内容才能反映主题？苏珊·桑塔格在《论摄影》中指出："最初，摄影师被看成一个敏锐而又不参与的观察者。但是，人们很快发现他们面对同样的事物拍出来的照片不一样。照片不仅是对事物所呈现的面目的证明，也是一种个人的观点；不仅是一种记录，而且是对世界的一种评价。"

2020 年春节假期，大家最关注的事情，不是过年，不是回家，而是新型冠状病毒肺炎。疫情面前，为我们守护最后一道防线的，永远是那些"逆行者"——医护人员。1 月 18 日傍晚，一双紧闭的双眼、一脸疲惫的容颜，出现在广州开往武汉的高铁餐车上，他就是 17 年前带头抗击非典疫情的钟南山院士，如图 7.21 所示。他抗击"非典"时说的话——"将最危重的病人送到我们这里来。"至今言犹在耳。如今，84 岁的他第一时间奔赴武汉。即使买不到飞机票、火车票，也没有阻挡他的步伐，他踏上了这趟开往武汉的餐车。在抗击"非典"和新型冠状病毒期间，他逆行奔赴疫情灾区，带领医护人员，与病毒做抗争，甚至冒着生命危险亲自拯救危重病人。2020 年 8 月 11 日，习近平签署主席令，授予钟南山"共和国勋章"。

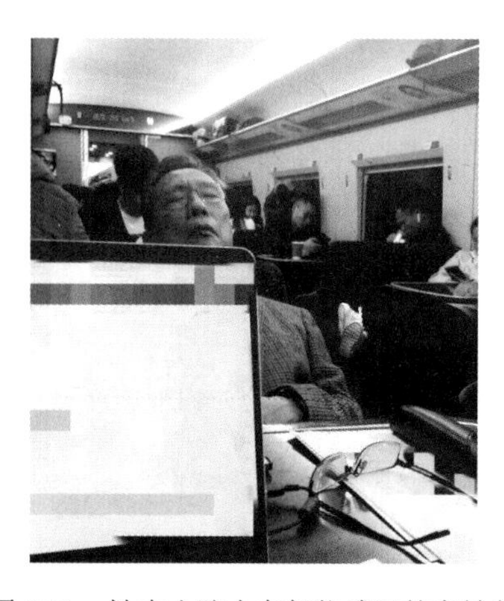

图 7.21　钟南山院士在赶往武汉的高铁餐车上闭目休息（苏越明 摄）

2. 拍摄前的准备工作

1）收集资料与深入研究

确定研究主题后，收集资料和深入研究是必要的，对题材了解得越多，就越有机会拍摄出更多有意义的照片。

2）熟悉拍摄对象

熟悉拍摄地点、地形、气候、民俗等，多阅读与拍摄题材相关的书籍，确认拍摄的最佳时间、使用的交通工具和经费预算等。

应与被摄者多进行沟通和交流。当拍摄对象表现出反感情绪时，摄影师要停止拍摄，进行必要的沟通，告知自己拍摄的目的和照片将来可能的用途，在获得认可之后方可继续拍摄。

3）拍摄过程

由于瞬间是无法复制、不可再现的，所以摄影师在拍照的时候应该对主题和对象有全面的反映，要从不同角度、光线、视点进行尽可能多地拍摄，从中选出满意的照片。为了增加画面信息，摄影师还要有意识地将一些路标、告示、徽章等拍摄到画面中，作为图片的补充说明。

4）图片的编辑

纪实照片的文字说明，包括时间、地点、人物和起因 4 个要素，使照片的信息更加完整，更具有传播价值。

5）建立电子档案袋以方便查找

对纪实摄影作品需要建立一套良好的编号。简单的做法是按照时间先后顺序编排：首先写某年某月某日，然后是顺序号码，如 2020-05-01-001，以方便日后的查找。

3. 纪实摄影作品赏析

如图 7.22 和图 7.23 所示，分别为《昂首阔步走向旗杆基座》和《共和国 70 华诞方阵通过天安门广场》的照片。

壮阔七十载，奋进新时代。2019 年 10 月 1 日上午，庆祝中华人民共和国成立 70 周年大会在北京天安门广场隆重举行。这是国旗护卫队昂首阔步地护送着国旗从人民英雄纪念碑基座出发，走向旗杆基座。

图 7.22 《昂首阔步走向旗杆基座》（费茂华 摄）

◀ 庆祝中华人民共和国成立 70 周年大会，最后举行了以“同心共筑中国梦”为主题的群众游行。游行分“建国创业”“改革开放”“伟大复兴”三个篇章，10 万群众和 70 组彩车组成 36 个方阵和 3 个情境式行进，7 万只和平鸽展翅高飞，7 万只气球腾空而起，伴着《歌唱祖国》的激昂旋律，庆祝大会圆满结束。

图 7.23 《共和国 70 华诞方阵通过天安门广场》（申宏 摄）

第四节 新闻摄影

一、新闻摄影概述

1. 新闻摄影的概念

狭义的新闻摄影是指以照相机为工具，以摄影图片为手段，以印刷品或网络为媒介的新闻摄影报道工作。新闻摄影的对象即新闻事实；新闻摄影的手段和表现形式即照片和文字说明的结合；新闻摄影的拍摄要求即正在发生着的新闻事实或与该新闻相关联的前因后果；新闻摄影的文字说明即要求具有新闻信息，并与照片内容相关联；新闻摄影的基本职能即形象化地报道新闻。

广义的新闻摄影是指利用一切新闻手段报道新闻的活动，包括用数码照相机拍摄图片，用摄影机拍摄新闻纪录影片和用摄像机拍摄新闻电视片来报道新闻。

一张好的新闻照片，应该在视觉上有冲击力，在内容上有吸引力，在情感上有人文精神。读者看一张照片就像读一本书，他们需要细节，也特别注意细节。我们拍一张照片，就像写一本书，应该使照片有更多的信息量。

2. 新闻摄影的特点

1）时效性

新闻摄影必须体现一个“新”字，它所反映的主题思想必须是正在发生的、引人关注的新闻事实，如政治事件、经济消息、社会热点、国际关系，以及反映社会生活的纪实性报道等。2015 年 10 月 5 日，瑞典卡罗琳医学院在斯德哥尔摩宣布，中国中医科学院中药研究所首席研究员屠呦呦，她发现了可以有效降低疟疾患者死亡率的青蒿素，获得 2015 年诺贝尔生理学或医学奖。这是中国科学家因为在中国本土进行的科学研究而首次获诺贝尔科学奖。如图 7.24 所示，这是在瑞典首都斯德哥尔摩音乐厅，瑞典国王卡尔十六世•古斯塔夫向屠呦呦颁奖。

图 7.24 《屠呦呦接过诺贝尔获奖证书》(图片来源：视觉中国)

2）真实性

真实性是新闻摄影的生命所在。新闻摄影的目的是报道事实、记录历史。为了让观赏者了解事件的真相，让后人知道真实的历史，就必须保证新闻摄影的真实性。

3）典型性

新闻摄影报道的典型性包含典型事件、典型形象和典型瞬间 3 个方面。优秀的新闻摄影作品一般都是既具备表现新闻事件中最具鲜明个性的人和事的典型特征，又能深刻地反映一定的社会本质问题。

4）现场感

新闻摄影的现场抓拍，应以正确反映事件为主，具有较强的现场感；不应过分雕琢，因追求艺术效果而有损对事实的报道。

3. 新闻摄影作品的要素

1）新闻价值

新闻拍摄的内容非常广泛，从国内外的重大事件到日常生活中的小事情，只要能引起人们普遍的关注和兴趣，就具有新闻价值。

新闻价值作为选择报道事实的标准，必须具备时间性、重要性、显著性及趣味性等要素。

2）内容

内容是新闻照片的基础和核心，画面上的中心内容主要用于表达事件，加深对画面的理解和认识。

3）思想主题

每一个新闻摄影作品都应有一个明确的主题思想，它向观众传达了摄影者的思想和感情，即摄影者按下快门的原因。

4）摄影技术

虽然新闻摄影更强调作品的内容和主题，但如果作品在构图、色彩、用光、角度等摄影技巧方面有所突破，就更能吸引观众的注意力。

二、新闻摄影的道德观念

维护新闻摄影的真实性是新闻摄影工作者最起码的职业道德。新闻摄影不能改变现场的任何景致和细节，而艺术摄影可以想方设法去体现摄影者的想象力。新闻摄影的真实性包含以下两层含义。

1. 真人、真事、真景

在新闻照片中出现的人物、事件和场景必须都是真实的，没有经过修改的。任何一张经过技术处理的照片都是虚假的，不属于新闻照片。

2. 全面的真实

对于同一个事件，由于立场和世界观的不同，摄影者可能会在拍摄中带有一定的主观色彩，这也会影响到新闻摄影的真实性。这时，我们不应该带有个人的主观偏见，更不应刻意地迎合某些人的口味，而是要透过纷繁复杂的事物表面去挖掘隐藏在现象之后的事物本质，这样才是全面、真实的报道。

三、新闻摄影的拍摄技巧

1. 体育新闻

体育运动快速激烈，体育摄影的拍摄对象通常处于激烈的运动状态。因此，摄影者要有扎实的基本功才能在变幻无常中凝固精彩的瞬间。下面介绍几种常用的体育摄影拍摄技巧。

1）高速快门凝固动体

运用高速快门，可以把高速运动的主体凝固下来，清晰地记录运动员在剧烈的运动状态下的表情和动作姿势，如图 7.25 所示。具体的快门速度应视实际情况而定。被摄体运动的速度越快，快门速度就越快。拍摄距离越近，快门速度也就越快。

图 7.25 《横空抓杠》（张玉薇 摄）

2）慢门表现动感

快门速度较慢，拍摄出来的运动主体会产生模糊的效果，观众及其他不动的前景或背景仍然是清晰的影像，这样动静结合可以表现出动感和速度。

3）追随拍摄法

采用追随拍摄法，可使运动主体清晰，背景呈现出模糊的横向线条，能有力地表现主体的运动速度。如图 7.26 所示，2009 年 10 月 17 日，一名运动员在济南举行的第十一届全国运动会场地自行车比赛中，虽然是静止的画面，但是画面中的横向线条却有很强的动感冲击力，似乎能感觉到赛场上的激烈。

图 7.26 《自行车赛》（李尕 摄）

4）捕捉精彩瞬间

瞬间的抓拍是体育新闻摄影最大的特点。在体育现场，应该捕捉那些能展现运动美、体现体育精神的精彩瞬间来吸引和感动观众。比赛的转折点、高潮时刻、击球的刹那，以及关键时刻运动员的表情都是拍摄的好题材。如图 7.27 所示，摄影者抓拍到了接力跑比赛运动员接棒的精彩瞬间，背景的“更快”二字衬托，恰到好处地展现了体育精神。

图 7.27 《接力跑》（王鹏臣 摄）

2．新闻人物的拍摄

1）新闻人物的拍摄方法

获取新闻人物影像的方法有专访拍摄和隐蔽性拍摄两种。

（1）专访拍摄的优点是，被摄对象通常比较配合，而且摄影师事先有充分的时间了解被摄对象，拍摄出来的照片立场鲜明，形式完美。缺点是容易出现摆拍的痕迹。如图 7.28 所示，是研制 1945 年 8 月 8 日投放在长崎的那颗原子弹的武器专家，照片是 2005 年 7 月在他的新墨西哥家中拍摄的。

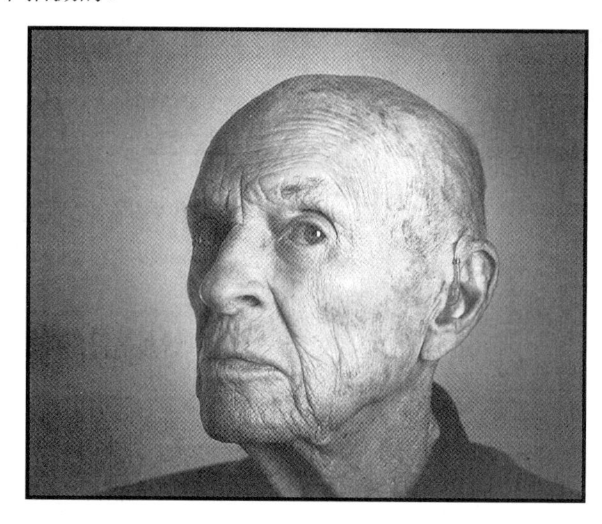

图 7.28 《武器专家》（阿兰·特雷格 摄）

（2）隐蔽性拍摄是指新闻记者在新闻现场直接获得新闻事件中的人物影像。拍摄时，人物大都沉浸在自己的世界里，人物的表情、动作比较自然。隐蔽性拍摄要求摄影师有敏锐的观察能力，在时机到来时，迅速地按下快门。

2）新闻人物的拍摄技巧

新闻人物拍摄的表现技巧有以下两种。

（1）抓拍反映新闻人物内心的表情或动作。人物的内心世界往往是通过面部表情或者肢体语言表现出来的。一个不经意的动作可能比语言更容易传达人物的内心感受。如图 7.29 所示，是一幅优秀的现场新闻人物作品。2014 年 1 月 25 日，中国女子网球运动员李娜第三次跻身澳大利亚网球公开赛决赛并获女单冠军，摄影师抓拍到李娜夺冠躺地的一瞬间，生动地刻画了李娜夺冠后的兴奋神态。

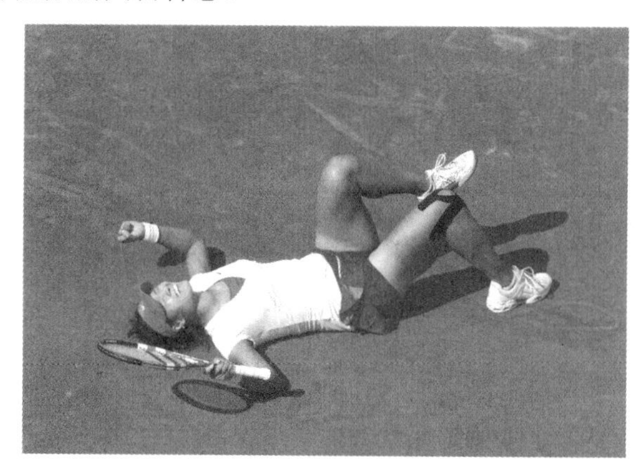

图 7.29 《李娜倒地庆祝夺冠》（法新社）

（2）以情动人。新闻人物摄影与普通的人像摄影不同，它应该通过图片向人们传达一定的新闻内容，引起人们对照片中人物的关注，从而产生对整个事件的关注和反思。

3．突发事件和重大新闻

突发事件是新闻摄影中非常重要的题材，往往最能吸引观众的注意。突发事件的最大特点就是事先无法预知，而且关键的情景往往转瞬即逝，所以拍摄突发事件有一定的难度。突发事件的报道要注意以下事项。

（1）尽量在第一时间到达事件发生的现场，占据有利的位置，以便拍摄出来时效性强、可信度高的照片，这样才会具有很强的新闻价值。如果条件不允许，也可以拍摄事发后现场留下的痕迹。有些情况下，事件的现场往往被围护起来，这时最好选择长焦镜头。如图 7.30 所示，拍摄的是印尼火山喷发。位于印度尼西亚中爪哇省的默拉皮火山于当地时间 2010 年 11 月 1 日早晨 10 时左右再次剧烈喷发。距离火山 7 千米左右的克拉登县 21 户 70 多名居民紧急疏散。背景是冲天浓烟，仿佛世界末日。一名居民乘坐汽车逃离，照片表现了火山剧烈喷发的时刻，色调阴郁，现场感极强。电影场景也不过如此。身处险地，能拍出如此震撼的灾难照片，也展现出女摄影师有着惊人的能量与定力。

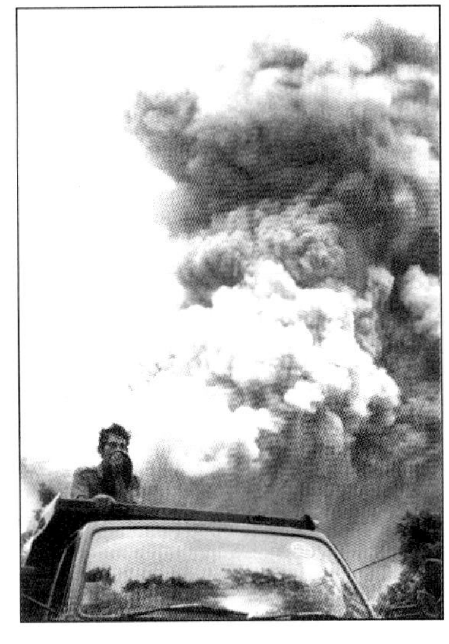

图 7.30 《印尼火山喷发》（张玉薇 摄）

（2）对事件进行跟踪报道。事件是如何进展的，是否得到了有效解决，往往也是人们关心的话题。对事件进行跟踪报道，才能对读者有全面的交代。

4．社会生活新闻

社会生活新闻的题材非常广泛，我们周围发生的新鲜事，人们的衣食住行、各地的风土人情、各种各样的家庭问题、社会问题等都可以作为社会生活新闻的拍摄题材。摄影记者一定要深入生活，不断培养新闻敏感性，这样才能在平淡的生活中发现有价值的新题材。下面介绍几种社会生活新闻的表现技巧。

1）具有思想性

社会生活新闻主要是报道与人们生活贴近的社会生活、社会问题、生活风气等，目的是发扬社会积极因素，宣传健康的社会观和价值观，揭露社会不良现象，正确引导社会舆论，引起有关部门的注意，从而解决问题。因此，社会生活新闻要具有思想性，能够在思想上让读者有所启迪。

2012 年 5 月 8 日晚，在黑龙江省佳木斯市，正当佳木斯市第十九中学的一群学生准备过马路时，一辆客车突然失控冲了过来，与前方停在路边的另一辆客车追尾相撞，被撞客车猛力冲向正要过马路的学生。危险瞬间，本可以躲开逃生的女教师张丽莉，奋不顾身去救学生，而自己却被卷入车轮下，双腿粉碎性骨折，高位截肢。张丽莉的事迹迅速传遍全国各地，她的伤情也牵动着人们的心，人们称她为“最美女教师”。如图 7.31 所示，2012 年 7 月 1 日，“最美女教师”——张丽莉在哈尔滨医科大学附属第一医院重症监护室内，在中国共产党党旗前庄严宣誓，成为一名中国共产党预备党员。

图 7.31 《最美女教师张丽莉在党旗前》

2）有人情味

社会生活新闻的题材主要来源于日常生活，而不是什么惊天动地的大事，富有人情味会给平淡的主体增加亮点。如图 7.32 所示为《郭明义把幸福带给 66 名台安贫困学子》的图片。郭明义曾先后获得部队学雷锋标兵、鞍钢劳动模范、鞍山市特等劳动模范、全国无偿献血奉献奖金奖、中央企业优秀共产党员、全国“五一劳动奖章”等荣誉称号。在生活中，郭明义积极投入希望工程、无偿献血、捐献造血干细胞、捐献遗体器官等活动，是辽宁省鞍山市无偿献血形象代言人。2012 年 3 月 2 日，中央精神文明建设指导委员会授予郭明义同志“当代雷锋”荣誉称号。2018 年 12 月 18 日，党中央、国务院授予郭明义同志改革先锋称号，颁授改革先锋奖章。

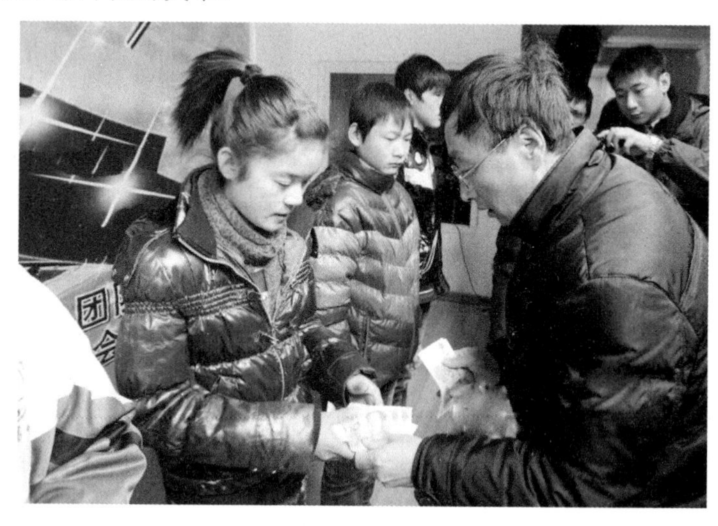

图 7.32 《郭明义把幸福带给 66 名台安贫困学子》（魏列群 摄）

3）抓取精彩瞬间

在生活中，那些精彩的瞬间最能真实、生动地反映事实的真相，也最能吸引读者的注意力。如图 7.33 所示，2011 年 9 月 18 日，曼彻斯特联队主教练弗格森（左）在赛前与俱乐部吉祥物交谈。当日，在 2011—2012 赛季英格兰足球超级联赛第五轮的比赛中，曼彻斯特联队主场以 3∶1 战胜切尔西队。弗格森是世界上最著名的、最成功的足球主教练之一。自从 1986 年开始率领曼彻斯特联队以来，获得过除欧洲联盟杯以外的所有俱乐部赛事冠军。1999 年率曼彻斯特联队获三冠王头衔，被英国皇室授予爵士爵位。

图 7.33 《英超：曼联胜切尔西》（新华社）

5. 自然与环保新闻

自然与环保新闻是通过拍摄自然界和我们的生存环境来引发人们的反思，唤起人们对野生动物命运的关注，以及对人类与大自然关系的思考。在社会和经济高速发展的同时，自然环境日趋恶化，越来越多的野生动物濒临灭绝甚至已经灭绝，但是还有很多人没有认识到问题的严重性。摄影图片则以最直观的方式向人们展示了我们所面临的生态危机。下面简单介绍一下自然与环保新闻的题材。

1）野生动物

近一个世纪以来，人类社会飞速发展的同时，环境的污染及破坏使得动物生存空间越来越小，人类对动物的过度捕猎和非法贩卖，导致很多动物已到了濒临灭绝的边缘，所以我们应该把它们美丽的身影展示给人们，以唤起人们对它们的关爱。如图 7.34 所示，在雪中翱翔的天鹅舞姿轻盈、玉翅舒展，仿佛圣洁的天使，唤起人们对它们的热爱。

图 7.34 《雪中天使》（孙剑江 摄）

野生动物的生存状态也是很好的拍摄题材。它能让人们了解野生动物的生存状态，意识到如果再不采取措施，我们将会永远地失去这些美丽而可爱的朋友。如图 7.35 所示，拍摄地为津巴布韦，公路从斑马的生存区域穿过，斑马横尸公路，这样悲惨的场景能警示人们要保护动物。

图 7.35　斑马横尸公路

2）人与环境

人口剧增，林木、水、煤炭、石油等自然资源大量消耗，各种废弃物不断造成环境的污染和生态平衡的破坏，威胁着人类的生存和发展，地震、海啸、洪水等各种自然灾害在世界各地时有发生。拍摄生存环境遭到的破坏，以及人类在自然灾害中的种种遭遇，可以让更多的人意识到保护自然的重要性。我们每天生活在钢筋水泥筑就的城市里，人口膨胀、交通拥挤、环境污染已经严重影响了我们的生活。如图 7.36 所示，拍摄的是马路边的供暖管道泄漏，气体喷涌而出并弥漫在城市的上空，整个场景让人们想逃离得更远一点。

图 7.36 《逃离城市》（邹大力 摄）

6. 经济与科技新闻

1）经济类新闻

经济类新闻摄影的范围非常广泛，一切与经济活动有关的内容都可以成为经济新闻的摄影题材，如工农业发展现状，重大经济事件，经济发展对社会生产、生活带来的影响等。在拍摄经济类新闻时，应注意以人为本，重点表现人的活动、人所处的环境，以及对人所产生的影响。

2012 年 12 月 1 日，哈大高铁正式开通运营，最高时速可达 300 千米。哈大高铁是我国中长期铁路规划中“四纵四横”高速铁路网的“一纵”，是世界上第一条投入运营的穿越高寒地区的高速铁路。中国首次研制的高寒动车组能适应的最低温度为零下 40℃。如图 7.37 所示，展示了哈大高铁和建设者的风采。

2）科技类新闻

科技类新闻摄影主要是通过影像报道最新的科学事实和科学成果，具有传播科学信息、促进科学进步的作用。科技类新闻不如突发事件或人物新闻那样吸引人，往往让人觉得有些枯燥。因此，科技类新闻摄影的表现形式要力求新颖、有趣，这样才能吸引读者。报道科技类新闻，还要注意挖掘科技事实或成果的内涵和意义。

2012 年 6 月 24 日，如图 7.38 所示，“蛟龙”号载人潜水器在马里亚纳海域进行的 7000 m 级海试，第四次下潜试验成功，突破 7000 m 深度，再创中国载人深潜新纪录。

图 7.37 《建设中的哈大高铁》

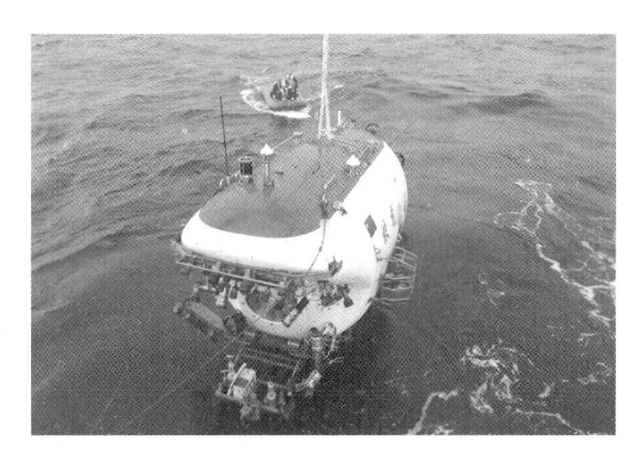

图 7.38 《“蛟龙”号载人潜水器》（新华社）

7. 新闻摄影作品赏析

如图 7.39 和图 7.40 所示，分别为《中国“双塔”》和《“电话兵”奥尔德林在月球上》的照片。

▶ 2003 年 8 月 12 日，中国男篮与澳大利亚墨尔本老虎队为当年 9 月的男篮亚锦赛进行热身赛，中国男篮队员在场上训练。当时，中国男篮确定姚明与巴特尔双中锋的战术配合。姚明身高 2.28 m，而范斌只有 1.78 m。如图 7.39 所示，摄影师抓取了以范斌为前景，巴特尔与姚明正常训练的瞬间，从而强调了姚明和巴特尔“双塔”的高度。正在转身的巴特尔目光似乎直射镜头，与观众有所交流。正方形的构图更好地突出了三人阶梯形的身高，从而体现了中国“双塔”这一主题。

图 7.39 《中国“双塔”》（李岳 摄）

▶ 图 7.40 记录了 1969 年 7 月 20 日人类登月的历史时刻。“电话兵”奥尔德林蹒跚摇摆的一小步，却是人类探知宇宙进入新纪元的一大步。阿姆斯特朗用特别设计的哈萨布拉德照相机拍摄的这张照片成为 20 世纪反响最为强烈的影像。照片中的很多细节都在渲染着伟大的登月壮举：奥尔德林的宇航面罩浓缩了清晰的月球表面的景色、摄影者和“鹰”号登月舱的身影。步幅很小的脚印形象地显示了在没有地球重力作用下，太空行走如同婴儿学步般的踉跄、笨拙和小心翼翼。这幅照片令人激动地展望着不可思议的新时代，宇宙为我们提供了更为广阔、更为自由的感受空间。

图 7.40 《“电话兵”奥尔德林在月球上》（尼尔·阿姆斯特朗 摄）

第五节 人像摄影

一、人像摄影器材的选择

1. 照相机的选择

一般人像摄影通常选择焦距为 85～135 mm（相对于 135 照相机）之间的镜头，也称为肖像镜头。因为这个焦距段的镜头符合人们的视觉习惯，能正确呈现人物面部五官的比例关系，如图 7.41 所示。它还有一个优点：既可以与被摄者保持适当的距离并使其肖像充满画面，又可以避免镜头与被摄者过近而产生紧张的情绪。如果采用小于 85 mm 的镜头，则会产生位于画面中间的面部器官被放大的效果，如“大鼻子”现象，如图 7.42 所示。如果采用大于 135 mm 的镜头，则会导致人物的面部过于扁平，缺乏立体感，如图 7.43 所示。

图 7.41　105 mm 的镜头　　图 7.42　21 mm 的镜头　　图 7.43　180 mm 的镜头

2．照明设备及其他相关器材的选择

在摄影室内进行人像艺术摄影时，聚光灯、泛光灯、影室闪光灯、反光伞、柔焦镜、测光表、三脚架和快门线、背景纸等是不可缺少的。聚光灯可以投射出高度定向性光束，产生很亮的高光区和线条鲜明、影调阴暗的阴影区。泛光灯发射的光束比较宽泛，可以减弱高光区的亮度，降低阴影区的清晰度。在室内摄影中，泛光灯通常是配合使用，以取得好的艺术效果。

二、室内人像艺术摄影的布光

1．布置主光

主光提供主要的照明，一般放置在被拍摄主体的一侧，与主体成 45°角，比照相机高 0.5～1 m。主光的照明效果是产生高光区和深色阴影。

2．布置辅光

辅光的作用是柔化主光所产生的阴影，呈现出阴影部分的细节，还可以增加人物的眼神光。辅光应该放置在与主光相对的一侧，尽量靠近照相机，高度与照相机持平。辅光的强度要弱于主光，否则就会消除主光投射在被摄物上的阴影。但是，如果辅光太弱，则又起不到柔化阴影的作用。主光和辅光的强弱关系用光比来描述。光比就是光的强度之比，通过测光表可以测得。人像摄影中通常使用的是 3∶1 或 4∶1 的光比。

3．布置背景光

背景光是放置在被摄体后面用来照亮背景的光，作用是把被摄体与背景之间的影调分开，从而产生立体感和纵深感。产生背景光的照明设备应放在被摄体后面，而且不应该出现在画面之内。

4．加用头发光和造型光

头发光是人像摄影所特有的一种布光，它可以表现出头发的质感、色调和高亮部分，起到很好的修饰作用。头发光应照在头部上方，发际线稍后的位置。强度则根据头发的颜色而定。颜色越深，需要光的强度就越大。造型光通常用于对某一平淡的区域加光，使之更加生动。

三、照相机的高度

在人像摄影中，调整照相机的高度会对人物的外貌和气质产生很大的影响。大多数摄影师都让照相机的镜头与被摄者的眼睛处于同一高度，以使拍摄出来的照片符合人的视觉习惯。照相机高于人的眼睛，会让被摄者看起来比较忧郁；而且人的五官呈现在画面上会有一些变化，前额被夸大、鼻子被加长、下巴变得比较窄。照相机低于人的眼睛时，拍摄出来的人像会呈显出高傲的神情或者积极向上的精神面貌。如图 7.44 所示，模特手里夹着香烟，高昂着头，再采用照相机位于低位的拍摄角度，使模特看起来很高傲。

图 7.44 《模特》（欧文潘 摄）

四、人像摄影的基本面

1．正面人像

正面人像是让被摄者的面部直接对着镜头，两只耳朵都在画面内，这是最简单的拍摄方法。

2．侧面人像

侧面人像是人物的脸与镜头成 90°角。人物的眼睛不看镜头，有一种神秘感。侧面人像能勾勒出眉骨、鼻子和下巴部分的轮廓线，适合拍摄面部轮廓曲线鲜明的人物，如图 7.45 所示。

3．脸部四分之三人像

脸部四分之三人像介于正面人像和侧面人像之间，如图 7.46 所示，是人像摄影中经常采用的一种姿势。首先让被摄者与照相机呈 45°角，然后让被摄者的脸慢慢转向镜头，在还没有完全直接朝向镜头的范围内，都可以形成展示脸部四分之三人像的姿势。在转动的过程中，摄影师要注意观察，确定一个最佳的角度进行拍摄。

图 7.45 《灵韵》（王聪慧 摄）

图 7.46 《专注》（陈升毅 摄）

4．大半身人像和全身人像

头部和肩部的人像摄影是较为普遍的，因为它对大多数的人都比较适合。但是，大半身人像和全身人像则不然，它们要求被摄者的动作和形体都要很优美。如图 7.47 所示，黑色的晚礼服将模特优雅的体态完美勾勒出来，看似简单的画面，其实经过了精心的构思和处理。蜿蜒转折的黑色轮廓线，巧妙地营造出剪影的效果，充分展现了模特的完美身姿和晚礼服的魅力。

五、道具的选择

在人像摄影中，经常会使用一些道具，以烘托气氛或者反映被摄者的个性，如眼镜和书可以表现人物的文人气质，鲜花可以衬托女性的美丽等。但是，道具的使用要为表现人物服务，千万不可喧宾夺主。如图 7.48 所示，摄影师把一块红格子旅行毯围在小女孩头上，将小女孩的头发与虚化的背景区分开，使画面看起来更加和谐。

图 7.47 《黑衣女人》（欧文 • 佩恩 摄）

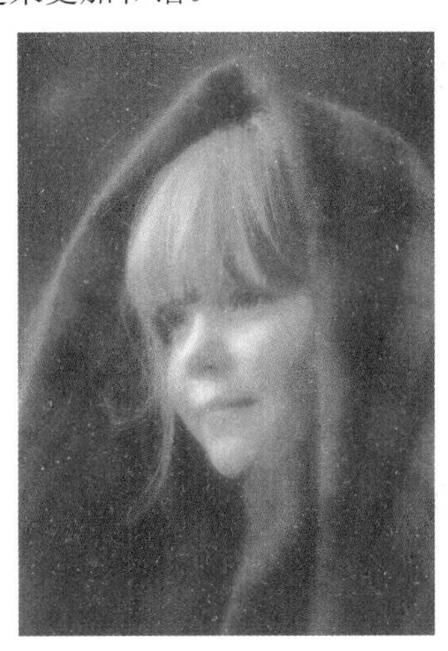

图 7.48 《女孩》

六、户外人像摄影

1．户外人像摄影的用光

在晴天阳光充足的时候，最好让被摄者处于阴影之下，否则会在他的面部产生明亮的高光和浓重的阴影，光线过强还会使被摄者眯起眼睛，效果非常不好。如果选择在早晨或者日落时分，则不必担心发生上述情况，因为这个时候的太阳照射角度比较低，光线没有那么强。此时，采用逆光拍摄还可以获得更好的效果，使被摄者的头发周围产生美丽的光辉，身体轮廓也会增加迷人的光环。但是，拍摄时要保证镜头不要正对太阳光，否则会产生光晕。

阴天也是很好的拍摄时机，因为太阳躲在云后，被摄者的面部不会产生明亮的高光和浓重的阴影。但曝光时要注意，应走近被摄者，对其脸部进行测光，然后再回到原来的拍摄位置进行拍摄。

2. 户外人像摄影的背景选择

大到花园豪宅，小到一棵树、一面墙，都可以成为户外人像摄影的背景。不同的背景，可以渲染不同的气氛。但是，在选择背景时要遵循简洁的原则，纷繁杂乱的背景会分散观者的注意力，使主体不够突出。如图 7.49 所示为艺术家左安的肖像照，照片以破旧的汽车为背景，背景既简洁又与人物的穿着非常协调。

图 7.49 《艺术家左安》（泰勒 摄）

3. 人像摄影作品赏析

如图 7.50 和图 7.51 所示，分别为《小女孩肖像》和《传承》的照片。

▶ 躺在地板上的小女孩睁着大眼睛，似乎在想些什么，落地窗慷慨地把阳光洒进屋内，照亮了地板，也照亮了孩子的小脸，这样独具匠心地处理近远景的布局，塑造了孩子雕像般的侧面，明亮的落地窗好像是她脑中某扇通向空灵缥缈的思绪空间的门。布兰特是20世纪四五十年代无人匹敌的肖像摄影艺术家。他倾向摆拍而非抓拍，擅长用艺术手法刻画细节，无论是作为 40 年代的浪漫派风景摄影家，还是 50 年代肖像摄影家和人物摄影家，布兰特都是最具有影响力的杰出人物。

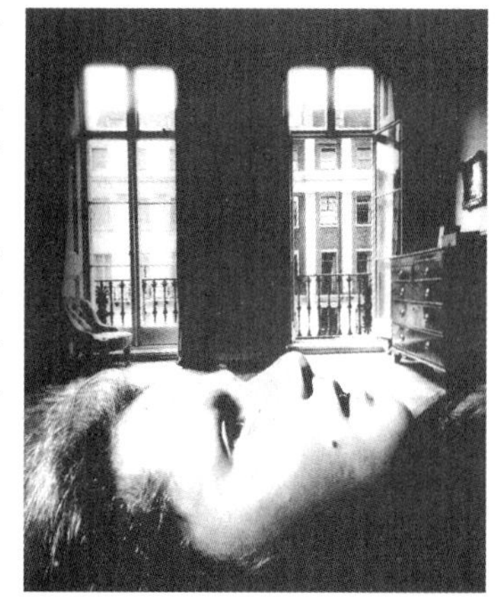

图 7.50 《小女孩肖像》（比尔·布兰特 摄）

▶ 在贵州黔东南这片古老而神秘的土地上，崎岖的石板寨里，穿着盛装淳朴的苗族老乡正在参加节日的盛宴。数百年过去了，苗寨风俗依旧，老一代传承下来的生活习惯和劳作方式仍在延续，悠久的历史文化在华丽的服饰中闪烁。摄影师利用午后的逆光及路面、银饰的反光照亮拍摄主体。为了令银饰的细节曝光准确，曝光补偿采用 1.3 挡，更好地表现了五彩斑斓的苗服和苗族人民自信的神情。

图 7.51 《传承》（王士杰 摄）

第六节　微 距 摄 影

“大多数摄影爱好者都曾背着沉重的器材追寻过壮丽的风景。其实，当我们用微距镜头对准那些微不足道的事物时，我们的视野中同样可以出现一个奇妙的世界……在这个扩展的视野中，一切都将值得我们驻足和凝视。”——狄源沧先生

一、微距摄影

微距摄影是指照相机通过镜头的光学能力，拍摄与实际物体等大（1∶1）或比实际物体稍小的图像。微距摄影就是在较近距离以大倍率进行的拍摄。微距摄影特别擅长表现花鸟鱼虫等细小的东西，有时还可以表现人物、动物的神态，如图 7.52 所示；它还可用于记录一些小物体，如小花、硬币、珠宝或邮票等，如图 7.53 所示。总而言之，微距摄影可改善或增强我们使用摄影的功能，增强记录微观世界、记录自然景物的能力。

图 7.52 《螳螂捕蝉》（武新平 摄）

图 7.53 《洋葱花与果实》（王朋娇 摄）

二、微距摄影器材的选择

图 7.54　近摄镜片

数码照相机具备微距拍摄功能，一般用英文字母 micro 和小花的图形表示。对于可以更换镜头的数码照相机，可以更换微距镜头拍摄，也可以增加接圈、近摄镜片等附件来增强数码照相机的微距功能。近摄镜片类似放大镜的镜片，如图 7.54 所示。近摄镜片一般都是一套 3 片，每片的屈光度不同，多数都是+1、+2 和+4。如图 7.55 所示，屈光度越大，对焦距离越短，放大倍率就越大。近摄镜片可直接加装在镜头前，不改变入光量，不需要曝光补偿。

（a）屈光度+2 近摄镜片拍摄

（b）屈光度+4 近摄镜片拍摄

（c）屈光度+2 和+4 近摄镜片组合拍摄

图 7.55　屈光度与放大倍率的关系

三、微距摄影的拍摄技巧

1. 选择微距模式

选择微距拍摄模式后，尽量贴近被摄体，并配合使用变焦，让景物在画面中占据足够大的面积拍摄即可。

2. 照明

根据被摄体的情况，可用多种方法对被摄体进行照明：平滑的被摄体需要均匀的照明；轻微凹凸的被摄体（如硬币）需要环绕式的照明，以获得详细的细节；有些被摄物体需要散光照明。

3. 光线的控制

微距拍摄应该尽量避免很“硬”的阳光直射，直射光容易在光滑表面产生强反光，产生刺眼的感觉，破坏画面的整体效果。比较之下，散射光能够产生良好的效果，使整个画面被均匀照亮。在微距拍摄时，应该采用各种办法控制光的质量。

4. 曝光设置

如果被摄体的照明与背景的照明不相同，而所测光是所有场景反射光的平均值，自动曝光系统就会产生较大误差，一般情况下会导致被摄主体太暗或太亮。这时可使用曝光补偿对曝光进行调节。图像太暗时，增加曝光；图像太亮时，减弱曝光。

5．景深

在观察微距照片时，景深比较小，控制画面的景深就成为关键问题。图像的景深取决于光圈的大小、与被摄体的距离，以及镜头的变焦程度。在聚焦时，虚化背景能够使被摄体孤立，呈现出清晰的影像，从而显得突出。如图 7.56 所示，背景虚化后，树叶上的露珠仍清晰可见。

增加景深的方法：改善被摄体的照明，尽量使用小光圈；不要靠被摄物体太近；聚焦点应落在景物的中央部位，切换到光圈优先模式，并选择小光圈。

6．背景处理

微距摄影多拍摄单个的小物体，因此，在构图上要求主体突出、画面简洁，在背景处理上也应遵循有利于突出主体的原则，主体与背景在色相、饱和度和冷暖调等方面应形成对比，如图 7.57 所示。

图 7.56　微距拍摄，景深变小

图 7.57　《水妞》（王勇　摄）

7．配备三脚架

在微距拍摄时最容易因为手的抖动而使画面变虚，为了确保画面清晰，最好使用三脚架。

8．微距摄影作品赏析

如图 7.58 和图 7.59 所示，分别为《美丽的蝴蝶》和《螳螂与荷花》的照片。

▶ 画面中的背景虚化，主体突出。蝴蝶翅膀上的条纹清晰可见。在蝴蝶头部的前方和上方保留了很大的空间，使构图有了一种动态的平衡。

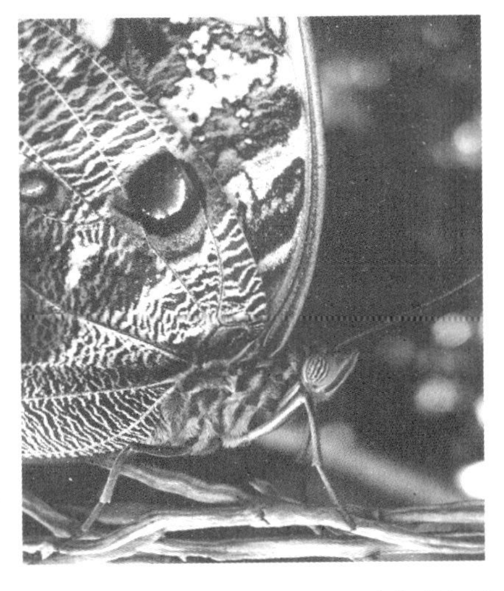

图 7.58　《美丽的蝴蝶》（路易斯·卡斯特涅达　摄）

▶ 粉红色的花瓣和绿色的螳螂形成鲜明的色彩对比，小景深的运用让螳螂和莲蓬清晰可见，而其余部分模糊，形成虚实对比，螳螂的大小比例合适，螳螂的点缀使荷花显得更加空灵而富有生机。

图 7.59 《螳螂与荷花》（王勇 摄）

第七节 航空摄影

一、航空摄影的历史

在航空摄影发展的历史上，为了使更多的人能欣赏大好河山的辽阔壮观，新闻摄影先驱法国人纳达尔乘坐热气球，飞向高空，于 1858 年 12 月拍摄了世界上第一幅航空照片，也称为鸟瞰照片，开创了空中摄影先河。

1885 年 6 月，戛士顿 • 梯山第尔和杰士克士 • 杜康合作，在巴黎上空 2000 英尺高的热气球上，拍摄了巴黎一角的照片。他们当时采用的是垂直取景方式，使垂直取景成为空中摄影用来研究地面的最有效的取景方式之一。此照片收藏在乔治 • 伊斯纪念馆国际摄影博物馆中，成为最早的航空拍摄照片之一。

1906 年，C. R. 劳伦士用 17 只风筝吊着一架巨型照相机，从空中拍摄了一些关于旧金山地震和火灾的照片。劳伦士称这种用 17 只风筝吊着的装置为“组合式空中飞船”，现收藏在美国国会图书馆。

二、航空拍摄器材的选择

变焦镜头是空中拍摄的最佳选择，照相机在空中的最小拍摄快门速度应设定在 1/1000 s 或 1/500 s 之间。空中拍摄时，光线大多比较强烈，应以较小的光圈获得大的景深。在飞机上拍摄，摄影师可以用陀螺稳定仪来保持照相机的稳定。

三、拍摄技巧

1. 线条

空中拍摄时，要注意线条的透视规律，画面线形的远近、大小、粗细，线条的扩散、聚集随着飞机的高低变化而变化的情况。拍摄时应根据光线的不同变化，借助于景物线条透视原理，使画面产生纵深感和空间感。从空中拍摄一般采用侧逆光，运用竖线条构图给人一种气势宏大、坚实、庄严、高耸的感觉；运用斜线条构图，会使被摄体产生强烈的视觉冲击力，如图 7.60 所示。在飞机转弯压坡度时拍摄，使景物在光影中形成波形线条，产生运动感。梯田、码头、海湾的曲线变化，会给人一种活泼、欢快的感觉。

图 7.60 《大地之歌》（蒋永廷 摄）

2. 构图

航空拍摄所构成的画面，可以使远近景物在照片中由上至下有层次地平展铺开，最大限度地表现自然的空间感，能够清晰地说明总体环境和地理位置的完整概念。摄影师可以乘坐飞机从不同的高度观察被摄对象，围绕一个地点从各个角度进行拍摄。

3. 在客机和直升机上拍摄

在客机上，透过舷窗进行拍摄，将照相机尽量靠近窗户，但不要碰到窗户玻璃，快门速度不要低于 1/500 s，避免飞机振动影响照片的清晰度。在飞行过程中，如果遇到湖泊、农田、村庄等景物时，要立即抓紧时机进行拍摄。

利用直升机进行航空拍摄是最好选择。摄影师能够与飞行员进行充分的交流，灵活地进行构图和拍摄。为了获得更加宽阔的视野，摄影师经常把飞机的前门或后门打开，但是在风吹进来时，要保证摄影师本人的安全和所有的设备都处于固定状态。

4. 航空摄影作品赏析

如图 7.61 和图 7.62 所示，分别为《腾龙》和《鸟瞰地球系列作品》的照片。

▶ 航拍的高视角远远超出人在地面平视的视角范围，因此，航拍的作品给人以新奇感。龙是中华民族的图腾，组照中不同色调的山体，宛如九龙壁上的琉璃腾龙，而阳光下的河流更像是飞舞的金龙。

图 7.61 《腾龙》

▶ 不同颜色的、方形的地面构成了画面的主体。以深绿色、浅绿色为主、以黄色为辅的色彩搭配平衡，对比和谐。突出的线条使杂乱的画面变得简洁，增强了画面的质感和空间感，给人以鲜明生动的视觉形象。

图 7.62 《鸟瞰地球系列作品》（雅安・阿瑟斯・伯特兰 摄）

第八节 静 物 摄 影

一、静物摄影器材的选择

在静物摄影时，经常使用单镜头反光数码照相机。有一部分静物题材的拍摄对象很微小，拍摄时必须采用微距镜头。在静物摄影中，柔光镜、各种滤色镜、遮光罩、三脚架、快门线和闪光灯，还有各种各样的道具，如摆放物体的桌子、背景布、背景纸等，可根据需要选用。

二、静物摄影的特点

静物摄影的拍摄对象一般都是无生命的静物，拍摄者可以按照自己的审美观念和创作意图从容不迫地考虑画面的各种安排。这也是静物艺术摄影最大的特点和优势。与其他形式的艺术摄影相比，静物艺术摄影的题材更加广泛，几乎所有的物品都可以作为静物摄影的拍摄对象，摄影师可以随意地对它们进行安排和组合。如图 7.63 所示，梨子懒洋洋地躺在窗台上，好像在晒太阳，横躺竖卧的姿态看上去憨态可掬。窗外的克里姆林宫和红场周围其他的建筑在青灰的天空下，越发显得肃穆庄严。梨子的橙黄温暖了窗外的灰蓝，画面充满了 19 世纪温馨浪漫的诗歌气息，单纯的美感令冷战时期的莫斯科看起来十分温柔。

作为艺术形式的静物摄影与商业静物摄影有很大的区别。一幅好的商业静物摄影作品只要画面清晰，把拍摄对象本身及其特点呈现在画面上，达到商业宣传的目的就大功告成了。但是，要把静物拍摄成艺术作品，除了表现静物本身外，作品还应该有一定的象征意义，能激发人们的联想，这才是静物艺术摄影的灵魂所在。

如图 7.64 所示，是甜椒还是人体？或者既是甜椒又是人体？作者拍摄的就是一只甜椒，但是从甜椒的造型结构和影调层次上，使人自然而然地联想到运动员身上健美的肌肉，让人看到了生命的力量，正是这种象征的意义将一幅简洁的静物摄影推向了更高的精神层次。

图 7.63 《窗台上的梨子》（山姆·阿贝尔 摄）

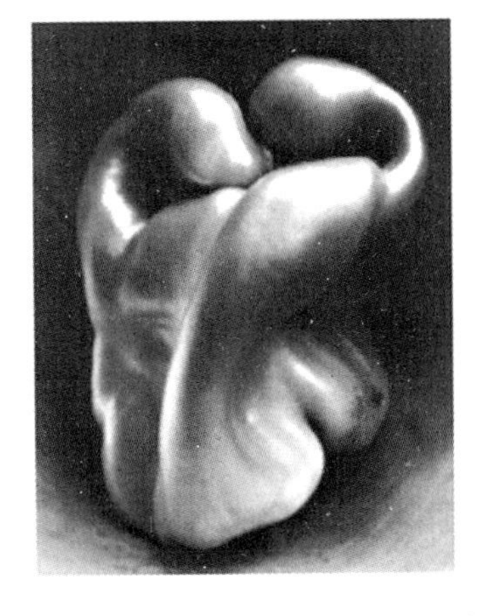

图 7.64 《甜椒》（爱德华·韦斯顿 摄）

三、静物摄影的拍摄技巧

1. 光线的运用

不同光线的运用会直接影响到拍摄的结果，在实践中灵活地运用光线的强弱和明暗关系，会对创作起很大的帮助作用。侧光能很好地显示拍摄对象的形态和立体感，除此之外，还能很好地表现质感。逆光则能够显示出透明物体的透明感，还能够显示出被摄对象的轮廓形态。

2．构图技巧

静物摄影在构图方面的最大特点是，摄影者的主观因素体现得更多一些，因为被摄体通常都是无生命的静止物体，可以根据创作的意图随意地对它们做出安排。对静物进行摄影构图时要考虑以下几个方面。

1）构图力求简洁

在构图时，心中应该有一个明确的目的，每一件物品都应为主题服务，应事先考虑好每一件物品会对整幅照片的构图起到什么样的作用，照片中的每一个组成部分都应该有它存在的理由。

图 7.65 《休憩好时光》（周丽萍 摄）

2）要素间相互关联

当画面中出现多个要素时，各要素之间应该相互关联、彼此呼应，而不应该是互相独立的个体。它们要构成一个完整和谐的画面。如图 7.65 所示，画面构图非常简洁，键盘和杯子相互呼应，键盘的斜线将观者的视线引向杯子，逆光很好地勾勒出杯子的质感，而画面的暖色调让人感觉到温馨舒适。

3）利用线条渲染气氛

在风光摄影中，不同形式的线条可以表达不同的氛围，这在静物艺术摄影中也同样适用。直线显得平稳或者刻板，曲线给人活泼和动态的感觉，水平线条暗示着平静和安宁，垂直线条象征着向上、坚毅和反抗。构图中，灵活、恰当地运用各种线条能更好地为创作服务。

4）处理好主体与陪体的关系

主体是体现作品思想的主要对象，在各要素中起主导作用，应该安排在画面中的突出位置，一般可以放在黄金分割点或黄金分割线上。陪体起到帮助表达主体的特征和内涵的作用，通常放在主体的周围，而且陪体往往是不完整地出现在画面上，使它既不游离于主体之外，又不会喧宾夺主、削弱主题。

5）背景的选择

背景要尽量简洁，单一颜色的背景运用得比较多，这样可以更好地突出拍摄主体。过于抢眼的背景往往喧宾夺主。背景要与主体有色调上的对比，如拍摄透明、半透明或浅颜色的物体时就运用深颜色的背景；拍摄对象的颜色较深时宜选用浅颜色的背景。总之，选择背景时要以突出主体为出发点。

四、静物摄影实践

1．玻璃器皿

玻璃器皿是静物摄影中常见的一种题材，但是要想拍摄出晶莹剔透的效果，就需要采用与拍摄其他物品不同的照明方式。玻璃最大的特点就是透明，通常采取的简单方法是在玻璃制品的后面或旁边放一盏聚光灯。由于聚光灯能透射出较强的光束，不但能照亮玻璃的表面，还能照透它的内部，尤其当器皿中有液体时，会产生光彩夺目的效果。还可以在拍摄时将灯光照射在反光面上，再反射到玻璃器皿上，使光线比较均匀，能表现玻璃器皿的轮廓和质感。

2．金属制品

金属制品的特点是反光，应以柔光和折射光为主进行拍摄。因为反光，摄影室内的物品还会在金属的表面产生映象，有时恰当地运用这种反光会拍摄出一些耐人寻味的画面效果，但是如果想消除这种映象，就得采取相应的措施。“帐篷式照明法”就是其中的一种。它是用无缝白纸把金属制品围起来（包括顶部和四周），然后在“帐篷”上开一个与镜头一般大小的洞进行拍摄。照明设备可以放在“帐篷”内，也可以放在“帐篷”外。

3．瓷器

拍摄瓷器宜以正侧光为主，在瓶口转角处保留高光，在有花纹的地方应尽量降低反光。瓷器的表面光滑，与金属有着相同的特点，具有强烈的反光能力。因此，要采用柔和的散射光线进行照明；也可以采取间接照明的方法，即灯光作用在反光板或其他具有反光能力的物品上，再用反射出来的光照射，能够得到柔和的照明效果。

4．花卉

拍摄花卉时，多在照相机前加用近摄附件，以获得较大的影像。为使花朵突出，可用大光圈；为使背景模糊，也可用简洁背景。为表现花朵的质感和花瓣层次，可利用自然光或灯光造成侧光、侧逆、逆光效果，同时加以辅助灯光或反光板辅助暗处亮度，缩小光比反差。

5．静物摄影作品赏析

如图 7.66 和图 7.67 所示，分别为《鹦鹉海螺》和《静物鲜花》的照片。

▶ 本幅作品是韦斯顿最有代表性的作品之一。一个普通的螺壳在韦斯顿的镜头下展示出惊人的美丽。在黑色背景的衬托下，海螺闪耀着珍珠般的光泽，优美的曲线表现得淋漓尽致，让人不禁感叹大自然造物之神奇。韦斯顿很少拍摄宏伟壮丽的风景照片，而更多着眼于“以小见大”、于细微之处见精神的题材。他喜欢在贝壳、白菜、辣椒、沙丘、石块、云彩乃至老杉树、土豆窖、木板和焚烧过的汽车上挖掘美的意境。

图 7.66 《鹦鹉海螺》（爱德华·韦斯顿 摄）

◀ 鲜花的颜色都是偏橘红的暖色调，深深浅浅地搭配在一起，温暖浓艳却不张扬。古朴的黑白图案正好配合鲜花的热烈，棕色织物厚重有力，衬托了上面的绚丽和典雅，深沉的暗棕色与热情的橘色十分和谐。玛丽·科辛达斯善于用女性特有的细腻和温情来创造和谐精致的画面。她着迷于用布娃娃、面具和各种织物创造浪漫的静物组合。

图 7.67 《静物鲜花》（玛丽·科辛达斯 摄）

第九节 天文摄影

在浩瀚无垠的宇宙空间中，有着许多人类视野所不易见到的美景。19 世纪中叶，法国人发明了感光乳剂，创造了摄影术，天文学家们马上想到利用摄影的方法，把星体拍下来，这就是天文摄影的开始。如图 7.68 所示，记录的是太阳黑子特写。天文摄影记录的资料更具根据性、准确性。通过摄影的技巧，拍摄出具有艺术美感的摄影作品。

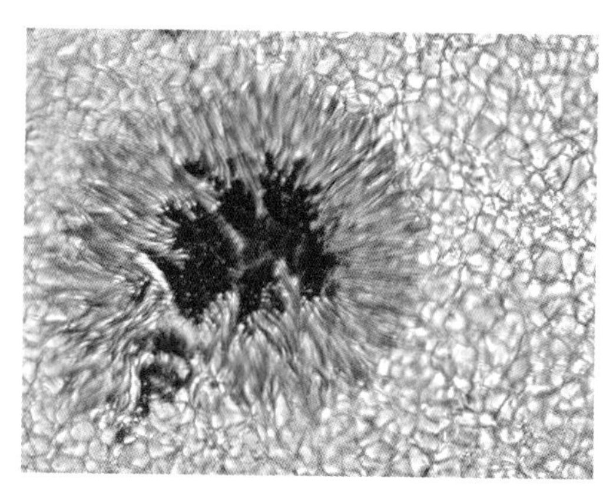

图 7.68 《太阳黑子特写》

一、摄影器材的选择

1. 照相机

数码单反照相机在天文摄影领域有着较好的表现，最适合接上望远镜，直接拍摄深空天体和彗星。

2．望远镜

天文望远镜的最大优点是口径大、焦距长，拍摄的对象也更为广泛，可拍摄出星体的细节。另外，因为焦距较长，可以更好地提高星体的放大倍率。

3．赤道仪和导星装置

由于地球自转运动，若直接对星体做长时间的曝光，所有星体光影将会因此呈现长条状，而非点状的星体。为解决此问题，就需要用到赤道仪。许多天文观测不是光靠主镜就能全部顺利完成的，也需要寻星镜或导星镜作为助手。

二、拍摄方法与技巧

1．无焦点方法

无焦点方法是把数码照相机的镜头直接对准望远镜的目镜。用一个独立的三脚架撑起它，再用一个接口把数码照相机接到目镜上。当照相机离目镜太远或是照相机的视场超过目镜的视场时，就会发生晕光现象。为了减小晕光，应尽可能把数码照相机对准目镜，同时选择一个有宽大眼罩的目镜。

2．调焦

对数码设备来说，可以多试几次以获得精确的调焦效果。首先可以从目镜的调焦开始，然后将数码照相机的焦距调到无穷远。如果对数码照相机无法进行手动调焦，就使用自动对焦模式。通过数码照相机的 LCD 可以确定天体的位置，以及调焦的情况，也可以将它与显示器连接，通过观察显示屏进行精确的对焦。对于高放大倍率下的摄影，导星镜可以精确地调整主镜，使之精确地对准那些较小的目标。

3．拍摄

数码照相机采用自动曝光模式拍摄面积大、亮度高且均匀的天体（如月亮）时，效果十分好。但是，在拍摄新月或行星时会产生曝光过度或曝光不足现象，必须使用曝光补偿功能（±2 挡）来校正曝光时间或改用手动模式。

三、常见题材的拍摄技巧

1．星迹

星迹就是星光的尾迹，是由可见恒星和行星在长时间曝光期间在天空转动时留下的痕迹。星迹的曲度取决于照相机所瞄准的某个星体在天空中的位置。如果以北极星为准，所有的恒星和行星所产生的尾迹都是以北极星为中心的同心圆。如果瞄准其他地方，尾迹都成弧形。瞄准点离地平线越近，弧线的曲度越小。

曝光时间及光圈对星迹也有影响。曝光时间越久，星迹也就越长。另外，相同的曝光时间对不同焦距的镜头也有不同的星迹长度，对于长焦距，星迹就长；对于短焦距，星迹就短。光圈的大小与星迹长短没有关系，只与星迹粗细有关。光圈越小，星迹就越细；反之则越粗。由于夜空总是有一定的亮度，所以第一次拍摄的时候可以先把曝光时间限定在

30 min 左右，然后根据拍摄出来的效果调整曝光时间。

2. 月亮

因为月亮比其他星体都要亮得多，要想得到细节丰富的月亮，最好的办法是根据大气环境、夜晚的时间、月相的不同等具体条件，每次改变 0.5 挡曝光量对月亮进行包围曝光。拍摄时需要注意以下问题：

（1）曝光。曝光不足的月亮会有发灰的感觉；曝光过度的月亮，会存在光晕或丢失月亮表面的细节。一般拍摄新月可使用 f/8、1/60 s 的快门速度。月亮位置较低时，曝光应增加 1～2 挡。应使用尽可能短的曝光时间，时间过长，会拖长阴影和降低影像的普遍反差。

（2）月亮成像的大小。月亮成像的大小与焦距有关。要想突出明月当空的效果，则需尽可能选用长焦进行拍摄，如图 7.69 所示，2018 年 1 月 31 日晚使用佳能相机 5D3、佳能 100—400mm 镜头拍摄于辽宁省北镇市。

图 7.69 《红月亮》（蒋永廷 摄）

3. 天文摄影作品赏析

如图 7.70 和图 7.71 所示，分别为《莫纳亚克山上空的星象迹线》和《月亮的颜色》的照片。

▶ 画面是对一部数码照相机拍摄的 150 多张 1 min 曝光的照片进行处理后得到的。拍摄时，由于地球的自转，使得远处的恒星显示出长长的星象迹线。前景中的画面被月光照亮。

图 7.70 《莫纳亚克山上空的星象迹线》

▶ 通常，月球在不十分明显的阴影下显示灰白或黄色。但在这张生动的月凸相位影像中，细小色差被夸大了许多，熟悉的静海是中心右方蓝色区域，白色线路从左下部低谷环形山发出，直到中心左部略带紫色斑点的哥白尼环形山。

图 7.71 《月亮的颜色》

第十节 水 下 摄 影

对于人类来说，覆盖地球表面达 70%的水世界是那么神秘莫测。在这个玻璃一般的世界里，有着比陆地更迷人的风景。在摇曳的光影中，海洋充满情感。水下摄影师因此成为许许多多人的“眼睛”，他们的摄影作品带着人们漫游海底世界，让人们看到那些从未见过的事物，如图 7.72 所示的寄居蟹。

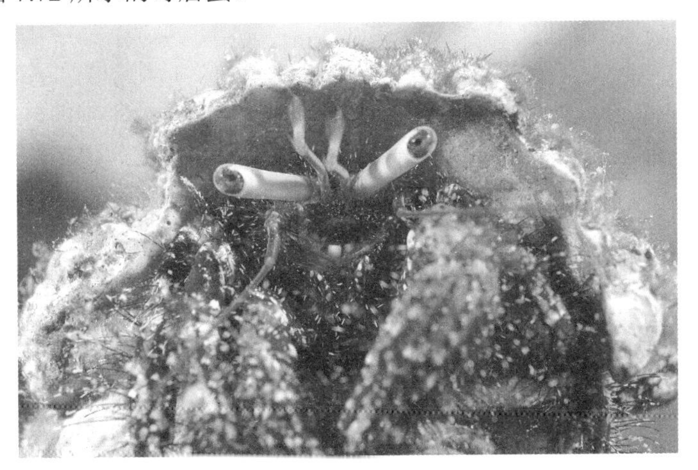

图 7.72 《寄居蟹》（孙少武 摄）

一、水下摄影的历史

1893 年，法国人路易·布唐在天才机械师约瑟夫·大卫的帮助下，在法国南部的邦于尔湾拍摄了史上第一批水下照片。1900 年，布唐出版了《水下摄影》一书，该书成为摄影史上的第一本水下摄影教科书。路易·布唐获得“水下摄影之父”的称号。

1926 年，美国《国家地理》杂志摄影师查尔斯·马丁和鱼类学家 W. H. 朗利合作，使用感光板和镁光粉照明，在加勒比海水下 5 m 处拍摄到鱼的高质量黑白照片，如图 7.73 所示，他们拍摄的成功使水下照片成为媒体和出版物的新宠。

图 7.73　摄影史上最早的水下照片之一

20 世纪 40 年代，水下摄影终于又迎来了第一位大师，即被公认为“现代水下摄影之父”的奥地利人汉斯·哈斯。他独特的贡献之一就是在 1949 年与德国一家公司合作，成功地开发出适用于双镜头禄莱照相机的防水壳，从此诞生了第一台现代意义上的潜水照相机。

1957 年，法国电影摄影师雅克·谷斯多和比利时航空技师让·德·乌特斯再次书写水下摄影的新篇章。乌特斯成功地制造出世界上第一台 35 mm 防水照相机，谷斯多将其命名为 Calypso Phot，并在法国注册了商标。Calypso Phot 的问世被认为是水下摄影发展的里程碑。

除 Calypso Phot 外，在 20 世纪中叶，水下摄影还取得了另外两个重要进展：一个是水下电子闪光灯技术的突破；另一个是 35 mm 照相机防水壳制造技术的突破。

1970 年，水下摄影在技术和设备方面的障碍已被基本消除。20 世纪 80 年代后期，著名摄影家霍华德·沙茨开始进行水下舞蹈摄影，他邀请芭蕾舞学校的人在水中做舞蹈动作并进行拍摄，如图 7.74 所示。

图 7.74　《水下舞蹈》（霍华德·沙茨 摄）

在中国国内，水下体育摄影、水下考古摄影、水下生态摄影等也在不断发展。

二、水下摄影与陆地摄影的区别

在水下拍摄要注意水具有的放大作用。在水中，光线的折射率是空气中折射率的 1.33 倍，我们在水中看到的物体往往比在陆地上看到的同样物体大 1.33 倍。在陆地上拍摄时，照相机与被摄物体距离 1.33 m，在水下只需要 1 m 就够了。

在水下拍摄时，水的深度直接影响到太阳光、闪光灯的照明亮度。随着水深的增加，光就会减弱，而且水波还会过滤掉部分光的颜色。照相机上的闪光灯打出来的光，在距离照相机 2 m 处也同样会被海水过滤掉。如图 7.75 和图 7.76 所示，在水底拍摄的共生鱼和樽海鞘、海狼的照片，呈现出蓝色冷色调就是这个原因，而并非完全是海水蓝的缘故。

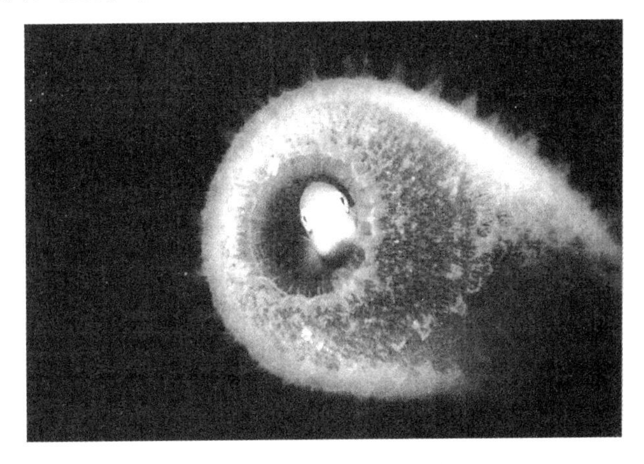

图 7.75　《共生》(约翰逊 摄)

图 7.76　《海狼》

此外，浮游物对水下摄影往往也会造成一定的影响。浮游物就是悬浮在水中的细微物体，它们的出现往往会使我们拍摄出的照片显得雾气腾腾。而一些高亮度的浮游物还会影响照相机的准确对焦，当使用闪光灯拍摄时还容易造成画面出现“雪花白点”等。

三、水下摄影器材的选择和使用

1. 照相机

水下摄影要选择防水数码照相机，如奥林巴斯 μ Digital 720SW 防水数码照相机无须任何防水装置就能深入水下摄影。

2. 镜头

水分子及水中悬浮的微粒对光线的散射会降低水的透明度，形成像大气雾一样的水下雾。当照相机与拍摄对象之间的水被光线直射时，水下雾会增多很多倍，就像透过一个被阳光直射的、落满灰尘的玻璃向外看的效果一样。为了克服水下雾对影像的影响，最好选择广角镜头，以便在照相机与被摄对象之间以最短的距离进行拍摄。

3. 照明装置

为避免内置闪光灯拍摄出现“水下雪花”现象，建议使用外置闪光灯或者水下照明灯。为适应深水中的更大压力，可以用高强度玻璃制成的特种灯泡，它可用于水深在 200 m 以上的水中。

4. 防水罩

就防水罩的功能而言，能尽可能多地实现照相机的所有功能是非常重要的。摄影师可根据自己的需要选择不同的防水罩。

四、水下摄影应注意的问题

1. 稳定身体

拍摄水下照片，摄影师最好超重一些进入水中，以便能使自己稳定地立于珊瑚旁或海底。如果穿一种可调节浮力的救生衣，就可以在海中各处游动或浮到水面，以便更好地使用它来重新得到适当的浮力。

2. 照相机保持干燥

在下海拍摄前，要将加好防水罩的照相机分别按 3 s、30 s、3 min 三次放入水中进行防水测试，检查防水罩是否安装妥当。为了防潮，需要在照相机和防水罩间放小袋的干燥袋。必须严格保持水下照相机上“O”形密封部分的清洁，使用硅脂轻轻涂抹，防止溢流。

3. 白平衡的调整

水下的光线变化与陆上的情况有很大的区别。由于水下光线状况与陆地上的完全不同，所以数码照相机很难根据水下的光线环境进行白平衡调节。

在水下进行拍摄时，一定要使用手动白平衡进行控制，而不要使用自动白平衡，要根据海水的清澈程度来判断。在 10 m 之内的深度将白平衡设置为日光模式拍摄，在 10 m 以下的水里使用阴天模式设定，外置闪光灯的辅助效果通常会得到更好的表现。

五、水中生物的拍摄技法

对于拍摄大海龟、大鳗鱼等大型水中生物时要注意不要进行突然移动，不要试图触摸被摄对象，不要从被摄对象上方进行拍摄，避免使用闪光灯。正确的方法是，采用连续拍摄模式进行跟踪拍摄，具有自动对焦连拍功能的数码照相机的效果更好。

拍摄海豚这些移动速度快的动物时，不要在它们身后进行追逐拍摄，应以一种有趣的姿势进行游泳，先吸引它们的注意力，使它们靠近你，这时便可进行拍摄。

六、水下摄影作品赏析

如图 7.77 和图 7.78 所示，分别为《捕猎加拉帕戈斯海狮》和《海马》的照片。

▶ 摄影师从正面角度、采用侧逆光拍摄，突出了海狮与它周围鱼群的轮廓，鱼群身体也很光亮，增加了空间深度和透视效果。画面的主体海狮与鱼群形成了协调统一的整体，鱼群围绕在海狮周围，疏密结合，布局平衡，给人以稳定、完整的感觉。

图 7.77　《捕猎加拉帕戈斯海狮》（大卫 • 杜比莱 摄）

▶ 海马在水中悠然地附着在水草上，它具有一身坚硬而多节的皮肤，散发着黄光的身体直立在水中，与黑色的背景形成鲜明的对比，影调对比突出。海马会随着环境的变化而改变自身的颜色，身上出现的斑点是适应环境的结果。

图 7.78　《海马》

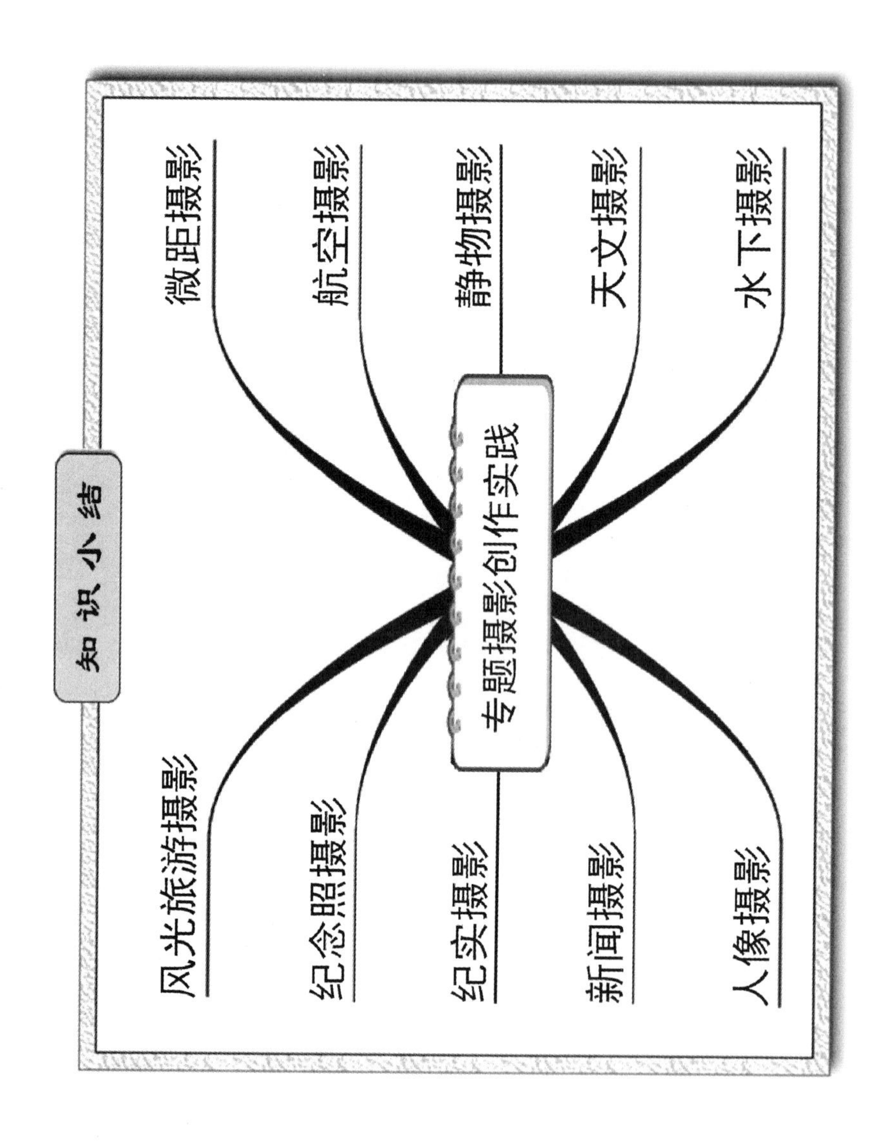
知识小结
专题摄影创作实践
微距摄影
航空摄影
静物摄影
天文摄影
水下摄影
风光旅游摄影
纪念照摄影
纪实摄影
新闻摄影
人像摄影

项目实践

（1）日出日落。（2）迷人海景。（3）城市节奏。（4）体育运动。（5）绚烂秋色。（6）乡村振兴。（7）民俗活动。（8）春暖花开。（9）快乐山水。（10）动物萌宠。（11）中国美味。

项目作品赏析

随着百姓生活的不断改善，人们越来越渴求更高质量的业余文化生活。没有附庸风雅的做作，只有珍爱生活的执着。图 7.79 画面中老人家的表情生动，眼神、动作专注，在回旋的空间里似乎有琴声飘过。（文_王洪英）

图 7.79 《梨园春风》（邱石 摄）

摄影项目习作赏析（见图 7.80、图 7.81）

图 7.80 《家的味道》（王子尖 摄）

图 7.81 《温馨》（邹雨馨 摄）

数码图像处理实战

利用动作为一组图片添加文字

1．项目实战说明

利用 Photoshop CC 动作调板，为不同图像制作相同的文字特效，如图 7.85、图 7.86 和图 7.87 所示。

2．实战步骤

（1）在 Photoshop CC 中打开第七章“项目实战”文件夹中的图片素材“老虎”。

（2）在动作调板中单击下方的创建新动作按钮，即可创建一个新动作。在新动作调板中输入动作的名称“添加特效文字”，如图 7.82 所示。单击“记录”按钮后，动作调板下方的记录按钮会自动变成红色，如图 7.83 所示。

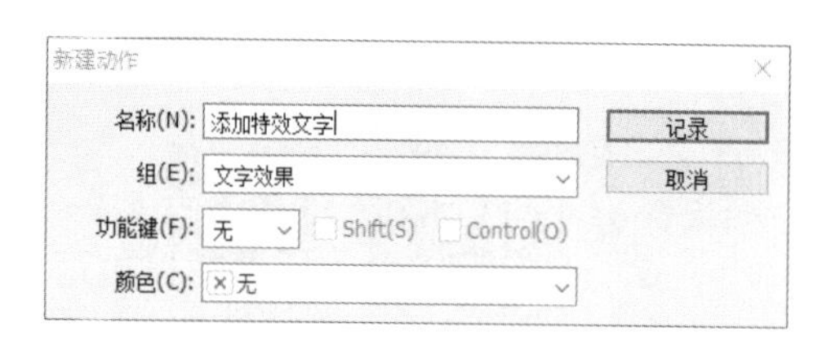

图 7.82　新建动作

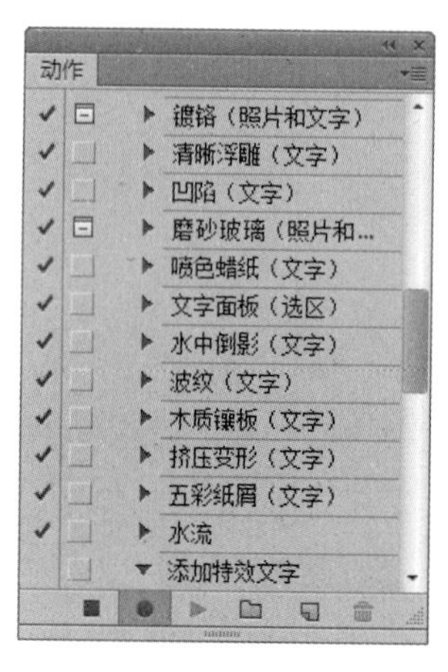

图 7.83　创建新动作调板

（3）单击横排文字工具 T，将前景色设为黑色。在文字选项栏中设置字体为“华文隶书”，字号为“48”，在图像中单击并输入文字“保护动物 从我做起”。

（4）单击图层调板中的“添加图层样式”按钮 fx，为图层添加“描边”样式，参数设置大小为“6”，位置为“外部”，混合模式为“正常”，颜色为“白色”，如图 7.84 所示。

（5）添加图层样式“描边”命令后，单击停止按钮■，结束记录，效果如图 7.85 所示。

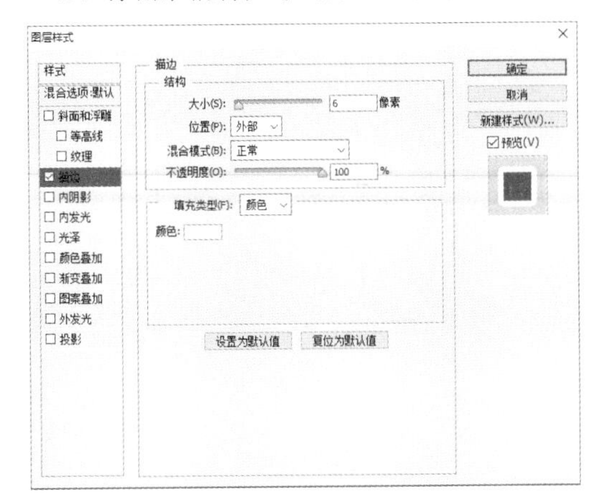

图 7.84 “描边”样式参数

图 7.85 为老虎添加特效文字

（6）打开图片素材文件夹中的图片“狮子”“天鹅”，单击动作调板中的播放选区按钮 ▶，即可自动执行刚才添加特效文字的整套动作，效果如图 7.86、7.87 所示。

图 7.86 为狮子添加特效文字

图 7.87 为天鹅添加特效文字

（7）单击菜单中的“文件”→“另存为”命令，保存图像。

（8）建议大家打开动作调板，单击动作调板右上角的按钮，在下拉菜单中选择“文字效果”“画框”“细雨”“暴风雪”等命令，单击动作调板下方的播放按钮 ▶，学习制作更多的特殊效果画面。

思考题

（1）通过校内新闻或社会新闻的拍摄实践，掌握新闻摄影的特点和拍摄技巧。

（2）了解纪实摄影的类型，掌握各种类型的纪实摄影过程与拍摄技巧。

（3）掌握旅游摄影中建筑物、自然风景、人物和风俗等各种题材的拍摄技术。

（4）应用纪念照的拍摄技巧与方法，进行毕业照拍摄实践。

（5）应用顺光、前侧光、逆光等光线，改变拍摄位置，拍摄不同造型的人像，掌握人像摄影的要领和技巧。

（6）掌握风光摄影的要点，利用相机、手机等拍摄设备随时随地进行实践。

（7）根据摄影条件和需求分别进行静物、微距、显微、天文、水下、航空摄影实践，总结各类题材的拍摄方法和技巧。

附录 A　国内摄影网站网址链接

1. http://www.cnphotos.net（中国摄影网）
2. http://www.pop-photo.com.cn（大众摄影）
3. http://www.cphoto.net（中国摄影在线）
4. http://www.cpanet.cn（影像中国网）
5. http://www.cpanet.cn/cms/html/zhongguosheyingbao（中国摄影报）
6. http://www.peoplephoto.com（人民摄影）
7. http://www.photoworld.com.cn（摄影世界）
8. http://www.unpcn.com（国家摄影）
9. https://www.nationalgeographic.com（国家地理杂志）
10. http://www.chinanews.com（中国新闻网）
11. http://cn.photoint.net（影像国际网）
12. http://www.fengniao.com（蜂鸟网）
13. http://www.dili360.com（中国国家地理网）
14. http://www.135-photo.com/forum.php（环球摄影网）
15. http://www.ccsph.com（现代摄影网）
16. http://www.cphoto.com.cn（中国摄影）
17. http://www.xitek.com（色影无忌_玩摄影的都在这里）
18. http://www.rxsy.net（人像摄影）
19. http://www.wed114.cn（中国婚纱摄影网）
20. http://www.nphoto.net（新摄影）
21. http://www.youxiake.net（游侠客摄影网）
22. http://www.dpnet.com.cn（迪派摄影网）
23. http://www.photofans.cn（佳友在线）
24. http://www.xiangshu.com（橡树摄影网_）
25. https://fotomen.cn/syzy（摄影之友）
26. http://www.lntpk.com/syxh_index.asp（辽宁省旅游摄影协会）
27. https://tuchong.com/explore（图虫）
28. https://www.meipian.cn（美篇）
29. https://www.ctpn.cn（中国旅游摄影网）
30. http://www.g-photography.net（全球摄影网）

附录B　国内摄影网站网址二维码

中国摄影网

大众摄影

中国摄影在线

影响中国网

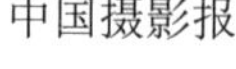
中国摄影报

人民摄影

摄影世界

国家摄影

国家地理杂志

中国新闻网

蜂鸟网

中国国家地理网

环球摄影网

中国摄影

色影无忌

人像摄影网

中国婚纱摄影网

新摄影

游侠客摄影网

迪派摄影网

佳友在线

橡树摄影网

摄影之友

辽宁省旅游摄影协会

图虫

美篇

参 考 文 献

[1] 王朋娇. 数码摄影教程（第 4 版）[M]. 北京：电子工业出版社，2015.

[2] 王朋娇. Photoshop CC 图像处理实战教程[M]. 北京：电子工业出版社，2017.

[3] 陆柱国译. 摄影向导[M]. 北京：人民美术出版社，1996.

[4] 李强. 中外摄影佳作赏析[M]. 长春：吉林摄影出版社，2003.

[5] 李强. 摄影画面构成[M]. 桂林：广西师范大学出版社，2004.

[6] 神龙摄影. 数码单反摄影从入门到精通（第 2 卷）[M]. 北京：人民邮电出版社，2010.

[7] 徐希景. 中学生简明摄影教程[M]. 北京：中国摄影出版社，2005.

[8] 赵征评. 数码摄影学得快[M]. 北京：中国画报出版社，2005.

[9] 北京摄影函授学院教材编写组[M]. 摄影基础. 北京：中国摄影出版社，2005.

[10] 北京摄影函授学院教材编写组[M]. 休闲摄影. 北京：中国摄影出版社，2005.

[11] 北京摄影函授学院教材编写组[M]. 艺术摄影. 北京：中国摄影出版社，2005.

[12] 北京摄影函授学院教材编写组[M]. 新闻报道摄影. 北京：中国摄影出版社，2005.

[13] 北京摄影函授学院教材编写组[M]. 特殊摄影. 北京：中国摄影出版社，2005.

[14] 历年《摄影世界》《大众摄影》杂志.

后　记

2020 年，《数码摄影教程》（第 5 版）一书出版，也如植物的生长与绽放，经过了 20 多年的孕育与完善。回顾此书的出版历程，成如容易却艰辛，不但需要我自己的潜心努力，更少不了大家的鼓励和扶持。

《数码摄影教程》（第 5 版）的完成，特别要感谢我的学生们和广大的读者，是你们的大力支持才使得本教程更加完善。在摄影课程教学过程中，学生的摄影作品是对摄影理论应用成效的最好检验。从学生摄影作品创作中，我获得了灵感和启发，促使我进一步完善了本教程的体例和内容，使本教程的内容更加贴近学生摄影创作实际，为学生的摄影创作提供了很好的理论和实践指导。同时本教程中采用了很多学生的优秀摄影习作，在编写过程中，我的学生们也给了我不遗余力的帮助，在此一并致谢。

《数码摄影教程》（第 5 版）更换了大量时代感强的摄影作品。感谢任德强、蒋永廷、颜秉刚、刘艳秋、范大军、周丽萍、罗林等老师无偿提供了很多优秀摄影作品，丰富了本教材的教学例图。

对电子工业出版社基础教育分社，我也深怀谢意。张贵芹老师即第 2 版、第 3 版、第 4 版的策划编辑，可以说没有她的鼓励和支持，或许我无法鼓起勇气把《数码摄影教程》（第 5 版）以崭新的面貌展现给读者。原分社长贾贺老师一直以来的关心与支持，也给了我超越自己的契机。对《数码摄影教程》第 1 版、第 2 版以及《现代摄影技术实用教程》的策划编辑张旭老师也一直铭记和感激。对责任编辑刘向永、张燕虹、唐小静、桑昀等老师也一直心存感激，是你们的精心编辑，使得教程体例更加完美、内容更加充实。

身处新时代，人快到耳顺之年，更容易惜时、惜身、惜福。我始终以为自己的福分来自多年相交的老师、家人、同学、同事、学生和朋友。虽然他们的名字没有出现在本书中，但正是在与他们的交流、合作中，激发了灵感、获得了鼓励、积聚了力量。这份情意，不是一个“谢”字所能全部传达的，但我相信，心灵脉络会让我们彼此联通并互相感知。

王朋娇

2020 年 4 月 29 日